工作时的正装照片。

2021 年

在北京，担任有书6周年分享嘉宾。

2021 年

在搜狐创作者大会担任分享嘉宾。

21 天 逆 袭 人 生

2020 年

在成都，给流量工厂的小伙伴们做分享。

当选当当第八届影响力作家·财经作家,特别荣幸,感谢一路支持的读者们。

21 天逆袭人生

京东图书 423 读书日的大型室外宣传广告，
和脱不花、杨天真等老师一起，被选为推荐作者。

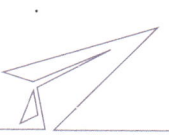

———— 21 天 逆 袭 人 生 ————

录制课程前，自拍了一张。

经常出差，有时忙得在飞机上也要工作。

我养的猫，叫万贯，哈哈哈。

工作忙归忙，但偶尔还是要旅行散心，放松一下。

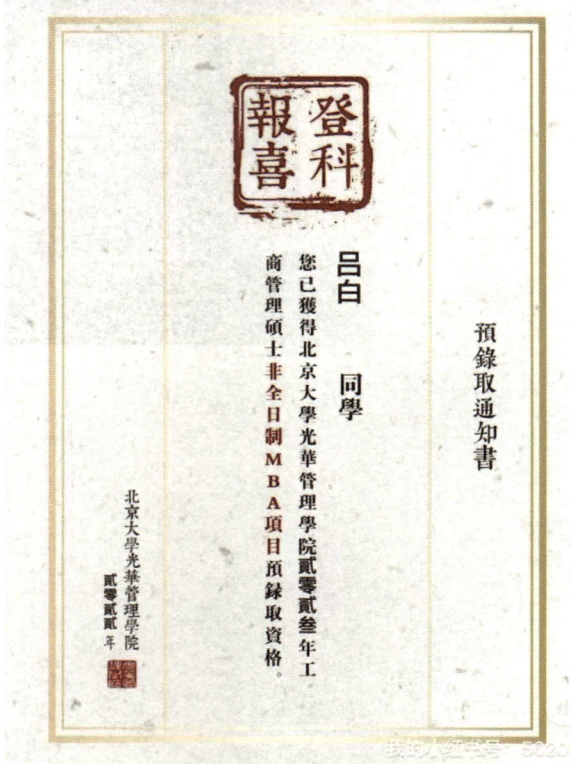

收到北大光华管理学院的录取通知书,非常开心。
学习这件事,要一直在路上。

21天逆袭人生

吕白 著

湖南文艺出版社　博集天卷

© 中南博集天卷文化传媒有限公司。本书版权受法律保护。未经权利人许可，任何人不得以任何方式使用本书包括正文、插图、封面、版式等任何部分内容，违者将受到法律制裁。

图书在版编目（CIP）数据

21天逆袭人生 / 吕白著. -- 长沙：湖南文艺出版社，2023.1
ISBN 978-7-5726-0915-2

Ⅰ.①2… Ⅱ.①吕… Ⅲ.①成功心理—通俗读物 Ⅳ.① B848.4-49

中国版本图书馆CIP数据核字（2022）第198736号

上架建议：畅销·成功励志

21TIAN NIXI RENSHENG
21天逆袭人生

著　　者：	吕　白
出 版 人：	陈新文
责任编辑：	吕苗莉
监　　制：	于向勇
策划编辑：	刘洁丽
文字编辑：	罗　钦　王成成
营销编辑：	时宇飞　黄璐璐
封面设计：	末末美书
版式设计：	李　洁
内文排版：	麦莫瑞
出　　版：	湖南文艺出版社
	（长沙市雨花区东二环一段508号　邮编：410014）
网　　址：	www.hnwy.net
印　　刷：	三河市中晟雅豪印务有限公司
经　　销：	新华书店
开　　本：	875mm×1230mm　1/32
字　　数：	188千字
印　　张：	8.25
插　　页：	4
版　　次：	2023年1月第1版
印　　次：	2023年1月第1次印刷
书　　号：	ISBN 978-7-5726-0915-2
定　　价：	48.00元

若有质量问题，请致电质量监督电话：010-59096394
团购电话：010-59320018

目录
CONTENTS

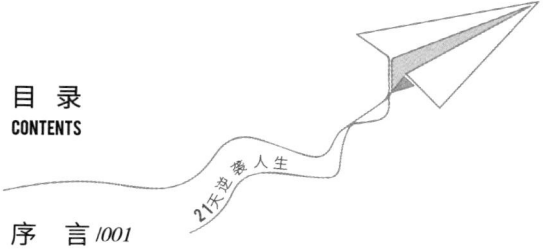

序　言 /001

DAY 第1天
把握起床后的黄金1小时 /001

首要原则：早起一定断网 /003

第一个15分钟：列好今天要完成的事情 /005

第二个15分钟：明确优先级，舍弃一部分目标 /005

第三个15分钟：思考一下自己的目标 /008

第四个15分钟：处理好自己的情绪 /009

21天
逆袭人生 / 第1天

起床后1小时计划执行清单 /010

001

DAY 第2天
时间管理，高效能人士必会 / 013

第一，记录你的时间 / 016

第二，先完成再完美 / 019

第三，提高时间的利用率 / 021

21天 逆袭人生 / 第2天

时间管理执行清单 / 026

DAY 第3天
赚钱思维，提升认知才是关键 / 029

第一个思维，充分利用时间 / 031

第二个思维，学会投资变现 / 036

第三个思维，重视圈子 / 038

21天 逆袭人生 / 第3天

提升赚钱思维执行清单 / 039

DAY 第4天
吸引力法则，你想要的都会来 / 041

第一，吸引力法则比你想象中强大 / 043

第二，吸引力法则怎么运用 / 045

第三，心怀感恩 / 048

21天 逆袭人生 / 第4天

吸引力法则执行清单 / 051

DAY 第5天
向上社交，破圈获高价值人脉 / 053

一个原则：一定要主动出击 / 056

四大向上社交秘诀 / 057

21天 逆袭人生 / 第5天

向上管理/社交计划执行清单 / 062

003

DAY 第6天
杀死拖延症，升级个人系统持续精进 / 063

第一，立刻做——5分钟行动法 / 067

第二，系统做——番茄工作法 / 067

第三，享受做——拒绝内耗，享受正反馈 / 069

21天 逆袭人生 / 第6天

杀死拖延症执行清单 / 071

DAY 第7天
精进表达，做会说话的人 / 073

第一，镜子练习 / 077

第二，大声朗读 / 077

第三，复述 / 077

第四，形成自己的素材库 / 078

第五，大量输入学习 / 079

第六，文稿框架化 / 080

21天 逆袭人生 / 第7天

表达力执行清单 / 081

DAY 第8天

拥有目标感，跑赢人生马拉松 / 083

第一，确定一个你要坚持的目标 / 087
第二，设置一个每天要做的最低量 / 087
第三，给你的坚持定一个期限 / 088
第四，在坚持的过程中寻找正反馈，学会自我激励 / 088

21天 逆袭人生 / 第8天
目标管理执行清单 / 090

DAY 第9天

要事第一，永远做最重要的事 / 093

找到能带来80%收益的那部分核心技能 / 095
对系统分级，有选择性地做事 / 096
多做自带杠杆的事 / 097
提高效率 / 099

21天 逆袭人生 / 第9天
要事第一计划执行清单 / 101

DAY 第10天
向上管理，做高绩效职场人 / 103

第一，积极表达，事事有回应 / 106
第二，学会拒绝，主导自己的工作 / 107
第三，结果导向，遇事就解决 / 108
第四，掌控细节，主动汇报进度 / 109
第五，根据领导性格，针对性相处 / 110

21天 逆袭人生 / 第10天
向上管理执行清单 / 112

DAY 第11天
提升专注力，努力对抗人性弱点 / 115

找到原动力 / 118
制定一个小而具体，且容易执行的目标 / 119
设置截止时间 / 119
隔绝诱惑 / 120
远离床和沙发 / 120
拒绝用手机放松 / 121
佩戴耳塞提高抗干扰能力 / 121

从坚持25分钟开始 / 121

改变生活状态，不要过度消耗 / 122

21天 逆袭人生 / 第11天
提升专注力执行清单 / 123

DAY 第12天
不喜欢读书，就和100个人聊天 / 125

第一，找准时机 / 128

第二，保持专注 / 129

第三，积极倾听 / 130

第四，有同理心 / 131

第五，善用回忆 / 132

第六，展示脆弱 / 132

第七，学会提问 / 132

21天 逆袭人生 / 第12天
深度交流执行清单 / 135

DAY 第13天
拒绝内耗，你的人生不该如此 / 137

第一，积极主动，放大"影响圈"，缩小"关注圈" / 139
第二，分清自己与他人的界限，降低对别人的期待 / 141
第三，正确认识自己，放下外界的成见 / 143

21天 逆袭人生 / 第13天
反内耗执行清单 / 145

DAY 第14天
作品意识，让你的价值可视化 / 147

第一，创造属于自己的代表作 / 150
第二，标签清晰，传递社会价值 / 152
第三，外化显现，内化修炼 / 154
第四，持续思考事物的本质 / 155

21天 逆袭人生 / 第14天
提升作品意识执行清单 / 156

DAY 第15天
记忆力飞升，必备费曼学习法 / 159

第一，定目标 / 161
第二，梳理框架列重点 / 162
第三，记核心框架 / 162
第四，多复述 / 163

21天
逆袭人生 / 第15天
记忆力计划执行清单 / 167

DAY 第16天
掌握写作方法，撬动人生杠杆 / 169

第一，固定时间，强制多写 / 172
第二，找准一个方向，精准击破 / 173
第三，拆解文章，总结学习 / 174
第四，少用连接词，多用短句 / 174
第五，坚持更新，一周一篇长文 / 175
第六，最重要的是一定要坚持 / 176

21天
逆袭人生 / 第16天
写作计划执行清单 / 178

DAY 第17天
认识自我，寻找定位放大优势 / 181

第一，思考你喜欢什么 / 185

第二，思考你擅长什么 / 186

第三，思考你在什么方面花时间最多 / 187

第四，发现自己的不足 / 188

21天 逆袭人生 / 第17天
自我认识计划执行清单 / 193

DAY 第18天
碎片化学习，提高学习效率 / 195

根据使用场景学习碎片化的内容 / 197

利用碎片时间，极力吸收学习 / 198

第一步，定一个学习目标 / 200

第二步，建立知识框架 / 200

第三步，碎片化输入，体系化输出 / 201

21天 逆袭人生 / 第18天
碎片化学习计划执行清单 / 203

DAY 第19天
选准赛道，获得核心竞争力 / 205

首先，选对行业 / 207

其次，拥有敏锐的嗅觉 / 209

21天 逆袭人生 / 第19天
竞争计划执行清单 / 212

DAY 第20天
高效复盘，告别过去的自己 / 215

为什么要复盘？/ 218

复盘原则 / 220

复盘方法 / 223

21天 逆袭人生 / 第20天
复盘计划执行清单 / 234

DAY 第21天
职场效率飞升，10倍速成长 / 235

六大效率工具 / 237

三大效率意识 / 240

21天
逆袭人生 / 第21天
职场效率提升执行清单 / 244

序言
PREFACE ———— 21 天逆袭人生 ————

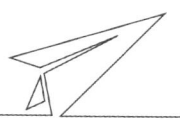

曾经,我无数次感觉自己会度过一种极其平庸甚至失败的人生。

我出生在农村,智商一般,没有任何特长,还是因为学了艺术才勉强上了一个本科大学。

我看过非常多"成功学"的书,里面总结了很多成功人士的行事原则,我发现我自己不符合任何一条。

我做事3分钟热度、不自律、不刻苦、习惯晚睡、沉迷游戏、工作不够努力……所有普通人有的毛病我一应俱全。

甚至当我19岁赚到人生第一个100万的时候,我也感觉是上天给的运气,没觉得是自己有任何特殊的能力。

直到后来,我靠自己,持续不断地做出成果。在北京4年收入翻了100倍,赚到人生第一个8位数,我才发现,原来智商、出身、名校不是成功的必要因素。**一个普通人也可以通过一些好的"习惯"改变自己。**

这些习惯是种子,你获得的财富是果实。

马尔茨在1960年出版的《心理控制术》中说:"精神世界的某些破旧立新至少需要21天的时间。"

我和编辑讨论本书书名的时候,我说,索性这本书就叫《21天逆袭人生》吧。

21天就能逆袭人生吗?

不能。只是21天内,肯定是不可能的。但这21天可以让你具备一些真正成功的要素,这些"要素"不是努力、不是早起、不是自律,而是方法。

这21天里,我会非常坦率地告诉你一些简单的甚至是常识的道理,这些道理让我这样起点的人,真正感受到了"逆袭"力量,然后你只需按我给出的方法去做,不停地做、使劲做、坚持做,就有可能改变你的人生。

就像《传习录》里写的那样:"知之真切笃实处即是行,行之明觉精察处即是知。"

我特别不想讲什么大器晚成的故事,也特别讨厌听"万一不成呢"。

我希望这本书能帮你,立刻、马上、很快地看到效果,坚持1周,1个月,哪怕只改变一点点。

这些改变就是种子。

PREFACE 序言

从2019年到现在，我出了11本书，我从不会随便为了所谓销量或热度去写一本书。每一本书传达的都是我的真情实感，每个观点都是我当下的所思所感。我不会为了出书而出书。

我无比热爱我的每一本书的序言，每次写之前都会熬上几夜，失眠几个晚上，听一些或伤感或舒缓的歌，慢慢让自己进入情绪。

我在《底层逻辑》提到过，Stay hungry，stay foolish（求知若饥，虚心若愚）。

我在《10倍速成长》提到过巴菲特的合伙人查理·芒格说过的一句话："商界中有一个非常古老的准则，分成两步。第一步，找到一个最基本的简单道理；第二步，严格地按照这个道理去行事。"

你我的成长又何尝不是？

这本书写完正文以后，我心里浮现出这段话：

我是吕白，从山东省某某村184号到福布斯中国U30榜、胡润U30创业领袖、当当年度影响力作家、《一站到底》冠军，当你翻到这本书的时候，就是上天在提醒你，你要开始改变了。

2022年11月
于北京

DAY 第1天
把握起床后的黄金1小时

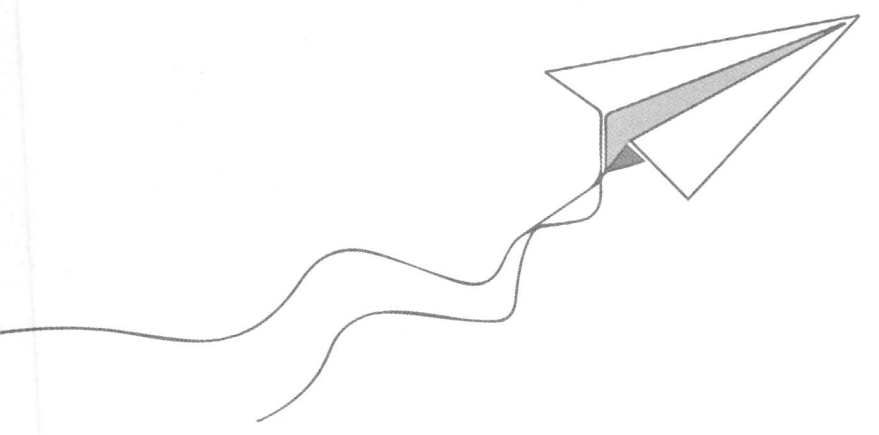

我曾在直播的时候说，做小红书只是我的一个副业，我是有主业的，而且主业并不轻松，日常上班，管着团队，偶尔要出去讲课、做咨询，还要在业余时间完成十几本畅销书的写作。

很多人听完，都惊讶于我对时间的高效管理，在直播间纷纷留言说：你也太自律了，是不是每天5点就起床的那种人？

其实并非如此。熟悉我的朋友们都知道，我从来不提倡"反人性"的自律，也不是一个崇尚早起，在"痛苦中自律"的人。

流水不争先，争的是滔滔不绝。真正让我们收获成功的，永远是**正确的方法加上可持续的坚持**。

人生最大的痛苦，莫过于被自己无法把控的事情牵着鼻子走，以致长期处于被动状态。自己无法决定心中所"想"，因此总是半途而废，混沌迷茫。原本坚定无比的心，却被忙碌冲刷得无影无踪。

我自己也经历过一整天被工作推着走，失去对时间的掌控感的状态。当我充分理解L先生说的"你怎么过一天就怎么过一生"后，我开始利用起床后的黄金1小时让我"提前做事"。我发现这个看起来小小的改变，居然翻天覆地地影响了我的生活。

渐渐地，我越来越享受这种"提前做事"带给我的"高效率"。

《起床后的黄金1小时》里提到过，**你想过什么样的人生，就过什么样的早晨。**

我把这个方法推荐给你们，希望你们也可以利用这个改变，享受高效的人生。

这是21天逆袭人生的第1天，如何用起床后的黄金1小时来改变自己？

我帮你定了一个原则和四个方法，每天花1小时把它们做一下吧。

首要原则：早起一定断网

一旦你打开了手机里的各种APP（应用程序），你就会被各种各样的信息裹挟，被比你爸妈都懂你的算法抓牢。之前我在腾讯做产品时，有句话是这样说的：什么叫好的产品，好的产品让用户沉迷其中不能自拔。

很多人明明很早就醒了，起床运动一下、吃个早餐，整个人会精神很多。结果一刷短视频，半个小时甚至一个小时就过去了，从一早就开始处于多巴胺的"高指标"刺激下，专注力严重受损。

《意志力心理学》中说，意志力的核心在于"转移关注点战略"，即先将注意力从极其渴望的物品上转移，再将之转移到其他事情上，同时注意未来的重点目标，就会实现"延迟满足"。

基于此，我自己的方法是：

第一步，每天起床时，手机闹钟响了以后就不再碰手机，直到出门时再带走它；

第二步，快速将注意力投入洗漱、运动、吃早餐等事情上；

第三步，规划好今天需要做的工作，掌握当下短期目标的完成情况。

这样一套流程下来，能节省大量时间，而且你在不断回顾目标时，实现目标的紧迫感会不断上升，你就会本能地意识到此时再看手机是多么浪费时间的一件事。

与此同时，我会尽量缩短早晨不必要的时间消耗。

比如，我把搭配衣服的时间给省掉了，我有四五件一模一样的白色T恤，还有很多一样的白色球鞋。作为选择困难症患者，这样能帮我节省大量时间。

再比如，我觉得戴隐形眼镜太费时间了，我就做了近视手术，目前已经远离眼镜。

意大利诗人但丁说：最聪明的人是最不愿意浪费时间的人。这就是为什么乔布斯只有黑色上衣、牛仔裤、运动鞋，很多大佬也都是同款式的衣服买很多件，换洗方便。

如果你希望效率更高一些，就应该把那些耽误时间且无足轻重的事从你的生活中剔除。

说完原则，那么起床后的黄金1小时到底怎么用呢？

我会把1小时分为4个部分。

🎵 第一个15分钟：列好今天要完成的事情

《了凡四训》里有句话："一日不知非，即一日安于自是；一日无过可改，即一日无步可进。"没有目标的一天只是活着，而有目标了，才是享受人生。

很多时候我们当天的效率低、没有结果，是因为我们不知道当天要达成什么样的目标。

所以早上起来该做的第一件事是拿纸和笔，**快速地写下你今天要做的所有事情。但记住，less is more（少即多），这些事情不应该超过10件。**

🎵 第二个15分钟：明确优先级，舍弃一部分目标

很多人会觉得自己总是很忙，而一旦你有这样的感觉，你就会一直处于焦虑中。**事情只分优先级，而没有做完的一天。**

《高效能人士的七个习惯》的作者史蒂芬·柯维说：**你应该给事情排优先级，再按优先级把事情放进日程表。**

这就像有一个空罐子，如何更高效地将之盛满？肯定是先放大石头；大石头放完，罐子还有空间，那我们再放中等大小的石

头；放完后，罐子还有一点点空间，那我们再放小石子。直到用石头把罐子装满为止。

按照优先级来做事情，这就是我们常说的"**要事第一**"。

把事情列入四个象限中：重要且紧急，重要但不紧急，紧急但不重要，不重要且不紧急。

我们一生，要多做第一和第二象限里的事，少做第三和第四象限里的事。

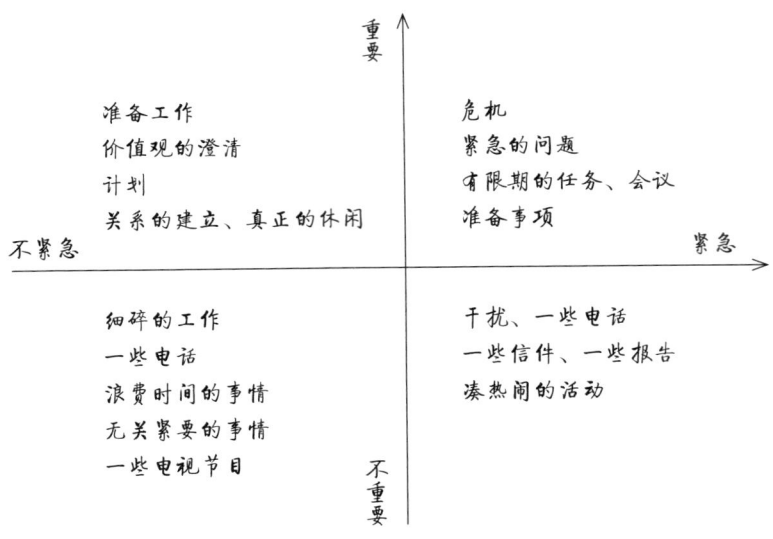

为什么呢？因为重要且紧急的事情我们不做可能就活不了。 比如上班，你不上班你可能连饭都吃不上了。

那些重要但不紧急的事情，是能改变我们命运的东西。比如我今年的目标是赚500万，赚5万对我而言其实就是一个重要但不紧急的事情。再比如你现在看一本书，看完准备去跟别人讨论一下，充分吸收理解，获取知识。

不重要且不紧急的事一定不要做或少做。比如现在经常有人想请我吃饭，但其实99%的不重要的饭局我都会拒绝。

我给大家算一笔账：一般我要跟一个人吃饭，来回时间是40分钟左右，碰上北京堵车，这个时间会更长，而且一般有约的话，你这一上午就不能再有其他重要的安排，往往饭局前后1小时都得浪费。

除了时间上的浪费，在吃饭的过程中，我还要跟对方聊1小时，这1小时会浪费我的精力和注意力。

时间和注意力是你人生最宝贵的财富，一定不要把时间和精力放在不重要且不紧急的事情上。在社交时，我们一定要学会"断舍离"。低质量的社交不如高质量的独处。放弃虚幻的社交活动，修炼自己比什么都要重要。

有些同学问，不重要但紧急的事怎么办呢？不重要但紧急的事无非就是老板叫你开会、老板让你帮他什么忙之类的日常生活中不轻不重的工作，这种工作要做，但一定不要耽误太长时间，速战速决。

如果耽误太长时间的话，你的人生就会变成碌碌无为的人生。记住：你人生80%的精力应该放在重要且紧急的事上，20%的精力要放在想一想你的人生目标上。你未来的样子，核心是由一系列重要但不紧急的事情构成的。

第三个15分钟：思考一下自己的目标

思考一下自己目标，哪些跟你的全年目标强相关。比如我今年有三个目标，第一个目标是要赚500万，第二个目标是今年要出7本书且总销量为50万册，第三个目标是让公司的规模翻一倍。

对于要赚500万，首先我就要努力工作，把我的本职工作做好，让我主业的收入能达到一个更高的水平；第二我要把我的小红书做好，获得一些可观的额外收入；第三我要把我的个人IP（影响力资产）打造好，让自己的名气更大一些，这样就会有更多公司找我讲课，找我做咨询顾问。

这样下来，我的目标以及实现路径是很清晰的。我需要做的就是思考每季度、每月、每日的目标是不是为这个总目标服务，我有没有走偏。每天一定要花一些时间思考自己今天做的事情能不能为更好的明天做准备，要让自己一直都行驶在自己的主航道上。

为什么一到年底，很多人就不敢看自己年初立的flag[1]？因为倒的flag太多了。最重要的原因是，我们光顾着立flag，没有去保证实现flag的路径是对的。

都说偏之毫厘，失之千里，你每一天的偏差，每一天把更多时间花在紧急但不重要的事情上，一天两天看不出来，半年一年你就会发现自己跟最初的目标离得太远了。

1　立flag，网络用语，指给自己设定目标。——编者注

所以说，每天花15分钟去思考一下目标，是对你的总目标的辅助，能让你沿着你的目标线一点点前进。有偏差时，及时调整方向，就不会驶向另一个地方了。

🎵 第四个15分钟：处理好自己的情绪

我们每天工作是什么心情，会决定我们的目标能不能实现。

我每天都会写成功日记，昨天做成了什么事情，收到什么夸奖。哪怕是很小的事情，我也会记录下来。

我之前有个同事，他过去运营过公众号，他会把别人夸他的评论截图都整理到一个文件夹里，每天心情不好的时候就看看那个文件夹，看了以后心情就会变得很好。

这是一种不断的正向激励，不一定是什么大事。它可能来自你做的一些小事，比如你今天按时到了公司，这就是你的成功日记，能让你觉得你今天很棒，很厉害。很多人不自信，就是因为一直以来对不好的事情过分在意和关注，好的事情却一概不关注，这样如何建立起正向的情绪呢？

就像我一直跟我的同事说：**你的自信从来不是外界给你的，是你自己从你过去细小的成功里积累的。**

希望你们能从这种积累中找到自信！不妨就先从写成功日记开始吧！

21天逆袭人生 / 第1天
起床后1小时计划执行清单

早起断网计划	回答
给自己早上预留1小时,你今后计划几点起床?(分为工作日和休息日)	工作日: 休息日:
早起关掉闹钟之后,可以做到不再碰手机吗?	
写下你起床后浪费时间最多的事情。	
将上一步写下的事情能不做的去掉;必须要做的按优先级调整顺序,高效完成(比如选衣服,头一天睡觉前提前搭配好等);将调整好的事情、提升效率策略、预计花费的时间写在右边。	

第1天　把握起床后的黄金1小时

早起之后 如何高效安排自己的时间？	具体内容
第一个15分钟：列好今天要完成什么样的事情。	今天要完成： 1. 2. 3. 4.
第二个15分钟：明确优先级，以及删一部分目标。	根据四象限原则： 重要且紧急： 重要但不紧急： 紧急但不重要： 不重要且不紧急：
第三个15分钟：思考一下自己的目标。	我的全年目标是什么？我今天做的事情有没有偏离轨道？我还需要调整什么？
第四个15分钟：处理好今天自己的情绪。	成功日记： 1.别人夸了我什么？ 2.我做了什么正确的事情？ 3.我帮别人做了什么事情？ 4.我从什么地方学到什么事情？

DAY 第2天
时间管理，高效能人士必会

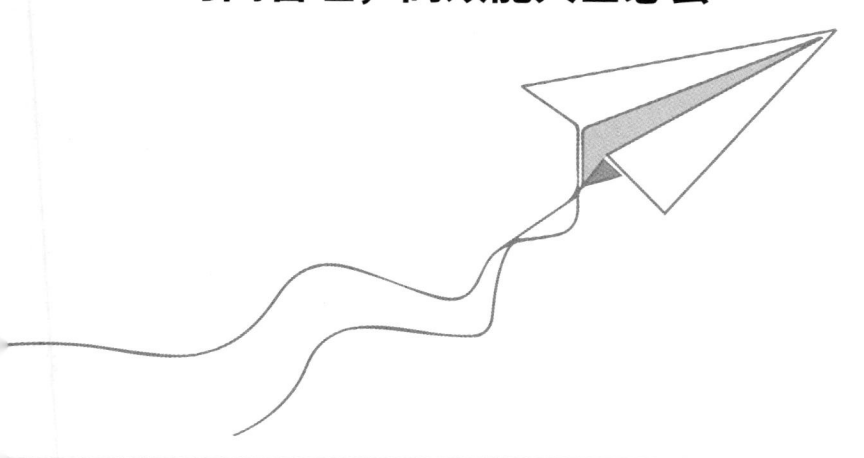

第四季《脱口秀大会》里有个脱口秀演员童漠男说了一句关于时间的话：

"一个人啊，竟然可以在没有钱，也没有事业的同时，还没有时间。"

虽然搞笑，但仔细一想，这不就是我们很多人的日常状态嘛。再扎心一点，就是网络上刷屏的"又穷又忙"。

有时候，又穷又忙并不是一种结果，而是一种被固化的"思维模式"。

最近，公司新招了一位运营新人，刚来公司还没多久，每天的早会就迟到了两次，交代的工作也不能按时完成。我经常发现她在半夜发工作日报。

我心想，难道是她的工作强度过大？按照目前的工作要求，考虑到她作为新人，还在适应期，于是，我单独约她到办公室聊聊最近的工作情况。

聊着聊着，她就哭了，说自己压力大，明明很努力了，却怎么做都不行。每天没有凌晨1点之前睡着过，早上7点就得起来。因为没钱，只能住比较偏远的地方，每天来回通勤都得3小时以上，又要赶早高峰，迟一点就会迟到。

工作还没上手，晚上稍微加会儿班，到家就得10点了。以前想的是下班后看书提升自己，现实是，根本没时间、没精力，整个人每天都很疲倦，关键是还感觉自己一天没做什么事，日报都不知道怎么写。

她的生活陷入了又穷又忙的怪圈，无法自拔。

为什么会又穷又忙？除了年轻没钱没资源外，本质是没有管理好自己的时间。

后来我帮她梳理了她的工作和日常时间安排，逐渐发现住得远并不是很关键的问题，没有计划、思虑过度、不断返工才导致她工作时间很长，却没有成果。

我一直有个观点，如果你发现自己的工作时长特别长，就一定要去反思一下自己的时间管理是不是出现了问题。

德鲁克说：如果你计算一下你的时间，你会发现自己大把的精力，都花在了没有意义的事情上。

因为不可能有一个工作需要你花那么长的时间，人也不可能有那么长的时间可以专注在工作上。

历史上那些最富创造力的人，诸如达尔文、狄更斯、哈代等，他们在一生中取得了举世瞩目的成就，但他们每天专注于工作的时间，也不过四五个小时。20世纪50年代，美国一名心理学教授，通过对科学家的职业生涯进行调查也得出了相似的结论：那些最高效多产的科学家，平均每天的工作时长就是4~6小时。

所以，工作时间越长，只是让我们看起来忙碌。但如果要想取得出色的成绩，我们就不能只是看起来忙碌，而是要真正做到高效工作。

这是21天逆袭人生的第2天，我们一起来做好时间管理吧！

第一，记录你的时间

著名的管理学大师德鲁克说过一句话：怎么利用好时间，你要先会记录时间，了解时间，知道你的时间被花在什么事情上，这样你才能去利用好自己的时间。

比如，通过记录时间，我发现我有段时间迟到的原因有两点：

一是起床玩手机，刷了会儿抖音，20分钟就过去了；

二是我有选择困难症，每次要搭配服装的时候，都会纠结要穿什么。

所以后来我就针对这两点做了调整。

第一是直接起床，吃早饭。

起床的时候，手机闹钟响了以后就不再碰手机，直到出门的时候把它带走。相信大家都会有"睁眼看手机"的习惯，但出门前不碰手机不仅可以集中自己的注意力，更可以理清一天的思路。

另外,早餐对我们来说十分重要。一般来说,早餐距离前一餐或最近一次进食的时间比较长,通常在10小时以上,如不及时补充热量,我们的机体就会动用肝脏储存的糖原,而糖原不足时,血糖就会降低。

有研究显示,血糖水平低于3.9mmol/L,会导致大脑兴奋性降低,反应迟钝,注意力不能集中,出现饥饿感,影响学习与工作。可以说早餐是启动大脑的"开关",长期不吃或者不科学地进食早餐都可能引发各种问题,比如影响青少年的生长发育,造成精神不振,诱发肠炎等肠胃疾病,让人易患感冒、心血管疾病等,还容易造成发胖、加速衰老等。

只有进食早餐,摄取足够的能量,才能在一整天保持较好的状态。

第二,买成套的、一样的衣服,成套穿走,可以节省大量时间。

关于记录时间,这里推荐柳比歇夫的时间统计法。

《奇特的一生》为我们讲了一生实践"时间统计法"的柳比歇夫的故事。柳比歇夫,是一名昆虫学学家,同时还是哲学家和数学家。用今天的话来说,是一个跨界高手。

他去世后,所有的人,包括他的亲人在内,谁也没想到他留下了很多著作。他生前发表了70多部学术专著,涉及分散分析、生物分类学、昆虫学、科学史、农业、遗传学、哲学、动物学、进化论、无神论等，这些著作均广为流传。

这还不算最厉害的，他最厉害的是发明了一种方法，即时间统计法。他发明这个方法后，56年如一日地应用和坚持下来。

我截取书中的记录：

乌里扬诺夫斯克，1964年4月7日

分类昆虫学（画两张无名袋蛾的图）——3小时15分钟。

鉴定袋蛾——20分钟。

附加工作：给斯拉瓦写信——2小时45分钟。

社会工作：植物保护小组开会——2小时25分钟。

休息：

给伊戈尔写信——10分钟。

看《乌里扬诺夫斯克真理报》——10分钟。

看列夫·托尔斯泰的《塞瓦斯托波尔纪事》——1小时25分钟。

乌里扬诺夫斯克，1964年4月8日

分类昆虫学：鉴定袋蛾——2小时20分钟。

写关于袋蛾的报告——1小时5分钟。

附加工作：给达维陀娃和布里亚赫尔写信，6页——3小时20分钟。

休息：

看《乌里扬诺夫斯克真理报》——15分钟。

看《消息报》——10分钟。

看《文学报》——20分钟。

看阿·托尔斯泰的《魔鬼》，66页——1小时30分钟。

每一件事，他都清楚地记下了时间的花费情况。

最后他进行时间管理可以做到不看表，依然能准确记录时间，误差在15分钟以内。

第二，先完成再完美

朋友问我："小红书怎么做？"我跟他讲了很久我的心得。

没过多久，我去问他："你小红书做得怎么样了，我的小红书都快5万粉丝了。"

我一问才知道，他还没开始呢。他说："我一想到做小红书，就觉得，我需要买个相机；有了相机以后不会剪辑，又想去学剪辑；学了剪辑后觉得自己这个背景墙不够好，又去淘宝买些物料布置下。"

他一直在追求做最好的准备，若是没有准备好，就不开始行动。

但没有完成哪有完美呢？

我一开始做小红书就非常简单。背景墙不行，就随便拿个白墙，不影响画面就行，包括现在的一些装饰，都是我慢慢去迭代、去升级的。

比如一开始剪辑不行，我就针对剪辑做了一些优化调整，现在剪辑已经很流畅完美了；粉丝反馈说背景音不行，就换了其他更适合的。一步步迭代更新，我的进步很明显，后续也有很多爆款出现。

讲这个例子，就是希望大家理解一个东西：做事情不要花时间去纠结，因为你90%的时间会浪费在纠结上。

有这么一句话，叫"done is better than perfect"，什么意思呢？就是完成比完美更重要。你看腾讯软件都是先上线，从零开始，可能很烂，很糟糕，但没关系，你先上了再去慢慢迭代升级，2.0、3.0、4.0，包括微信这么大一个软件，很快做到了10亿日活的体量，都是从1.0一直迭代到现在。

我之前在公司当中层管理者的时候，给老板汇报工作，我都会让同事先做一版PPT（演示文稿），也许这版PPT很烂，很糟糕，没关系，你先给我做出来，我们在这个基础上去改，去优化。

为什么要这么去改呢？因为如果我们一直想，很难第一时间想到最好的解决方案，所以我们在初版中迭代，在迭代中趋近完美。

从0分到80分往往是最简单的，它的难度没有从80分到100分高，因为要追求完美，不是靠单纯努力、投入时间和精力就可以做到的。

而很多人还没做到80分，就在幻想怎么做到100分，这是一种思维上的错误，进入了"思维死胡同"。与其去想怎么能做到完美，不如先踏踏实实做出80分左右的水平来。这是成事的基础，正所谓万事开头难，只有先开头，才能谈进步。

快速试错，快速迭代。事情做到80分，有个大概方向，就可以有更高的追求了；只有先开始了，才有迭代的空间。

第三，提高时间的利用率

把时间放在重要的事情上。每个人都有8小时的工作时间，为什么大家做出的成果不一样，因为每个人的关注点不一样，有些人的关注点太分散了，别人8小时做10件事情，但他们8小时就做5件事情。

扎克伯格曾经在公司内部分享自己的时间管理方法时提到过，保持专注，把一段时间聚焦在一件事上才是最有效的做事方式。

我有朋友是某创业团队的内容主管，由于是初创团队，很多事情没有明确分工，加上业务处于野蛮发展期，要及时应对的事情太多太杂。她之前是从"大厂"出来的，初次带创业团队，一时之间有点吃不消，整天被各种细碎的事情打乱节奏，感觉生活和工作都是被推着走。每天明明花了大量时间，却仍然感觉没有做什么事。

后来她找我聊天，因为我有过从"大厂"到初创公司带团队的经验，想问问我的建议。

我告诉了她三个方法：

第一，梳理出目前的所有事情，只选择做前三件最重要的事情；

第二，三件事情，先集中做一件事，做完一件再做另一件；

第三，安排下属或者让别人完成基础工作。

过了1个月，她欣喜若狂地跑来告诉我，她已经渐渐能够处理好她团队的事情，做到有条不紊了。

我们把时间放在哪里，就会从哪里获取收获。一定要保证自己的时间和精力都放在重点的事情上，目标在哪里，成果就在哪里。

法国著名作家福楼拜和他的学生莫泊桑之间也有这样的故事。

莫泊桑年轻时，有一次拜访福楼拜，聊到自己的时间规划，非常自信地说：

"我上午用2小时读书写作，用另2小时弹钢琴，下午则用1小时向邻居学习修理汽车，用3小时来练习踢足球，晚上，我会去烧烤店学习怎样制作烧鹅，周日则去乡下种菜，一周的生活被安排得很丰富。"

福楼拜听后笑了笑说：

"我每天上午用4小时来读书写作，下午用4小时来读书写作，晚上，我还会用4小时来读书写作，基本每天如此。"

福楼拜接着又说："你每天做那么多事，哪一个才是你的特长？有哪样事情，你特别专一和做得特别好呢？"

莫泊桑想了想，讲不出来。但他懂得"砍掉"很多不必要的事情，专注于写作。

之后的10余年间，每逢周日，莫泊桑都会带着新的新作品，从巴黎坐长途列车到福楼拜位于里昂郊外的住所，聆听老师对自己的写作指导。

也许莫泊桑确实有写作天赋，但缺少这份专注，"世界短篇小说之王"的称号，我想应该不会属于他。

如此有天赋的人尚且这样，我们普通人想做成一件事，更应该学会专注。

学会专注，学会"少即是多"，是现代人最需要的"自律"，你想做成什么事，就集中一段时间去攻破它。这件事会给你带来正反馈，这样你就能感受到专注的力量，进而提升专注力。大多数人的专注力其实没那么强，也不太知道重点在哪里，无非就是耐得住寂寞，孤独地坚守罢了。

曾国藩说过："凡人做一事，便须全副精神注在此一事，首尾不懈。不可见异思迁，做这样想那样，坐这山望那山。人而无恒，终身一无所成，我生平坐犯无恒的弊病，实在受害不小。"

长期专注于一件事情，似乎效率很低，短期来看自己的人生好像也不够精彩。

但，慢就是快，肯花大量时间做一件事，才能在充满干扰的世界里找到核心目标，并实现它。

米哈里·契克森米哈赖在《心流：最优体验心理学》中指出，**专注能使人产生心流状态——我们在做某些事情时，那种全神贯注、投入忘我的状态。**

在这种心流状态下，你甚至感觉不到时间的存在，你会有一种充满能量且非常满足的感受，此时你的效率和产能是最高的。

我们的精力是有限的，注意力是宝贵的，不要再把重要的资源放在无用的信息及不重要的琐事上，不然你会有很疲惫和被掏空的感觉；把时间花在重要的事情上，"砍掉"其他无关的事情，效率才能显著提高。

正如《华为时间管理法》提到的，**华为的员工根据其价值观和理念，把全部精力放在完成一件最高优先级的任务上，当完成的一瞬间，能感受到极强的成就感和满足感。**

这个世界，只有一样东西对所有人都是公平的，就是时间。没有人会多一分，也没有人会少一秒，但你的时间用在哪里，你的成就就会在哪里。

如果你问我，你的精力放在哪里最好，我觉得放在提升你自己身上最好。

我自己就是坚持一段时间只做一两件事，一路"升级打怪"，如果再细一点，这8年我只做了一件事，那就是"新媒体"，我一直在做研究"新媒体棋谱"的那个人。

很多人会问我："怎样才能获得融入高质量的圈子，获得高质量的人脉、资源？"其实你只要做一件事，就是让自己变得更好，让圈子和资源主动来找你。"自己是梧桐，凤凰才会来栖；自己是大海，百川才会来归。"

从现在开始，你要默默地做好你该做的事情，把时间当作资产，让自己值钱起来。

21天逆袭人生 / 第2天
时间管理执行清单

时间管理计划	具体操作
第一，记录你的时间。	核心：以周为单位，记录1周的时间流向。知道自己的时间花在哪儿了，才能知道优化方向。 1.电脑可使用"Rescue Time"。 辅助软件：Rescue Time。 可以记录我们使用电脑上网或使用软件所花费的时间，并且会在每天结束后自动生成一份分析报告，有利于我们复盘时做出更好的时间管理。 2.手机可使用自带的"健康使用手机功能"。 方法：开启"健康使用手机功能"。 开启这个功能，手机会自动记录你使用的时长及花在每个软件上的时间。 3.记录时间APP。 辅助软件：爱时间（根据个人喜好，可以在网上自行寻找）。 通过记录电脑、手机的使用情况，再加上时间记录，你就会知道自己1周的时间都花在哪里了。

续表

时间管理计划	具体操作
第二，先完成再完美。	做一件事，30%的时间花在计划上，40%的时间花在完成上，30%的时间花在复盘迭代修改上。
第三，提高你每个时间段的专注度（重点在方法，搭配的软件根据个人习惯选择就好，比如我用得最多的是苹果自带的"日历+待办事项+备忘录"）。	核心：列待办清单，做重要的事；远离干扰，专注工作；成果可视化，复盘与倒逼下一次专注。 1.明确目标，列待办清单，做重要的事。 辅助软件：Todo清单。 有很强大的记录待办事项清单功能，还可以按照事情的重要和紧急程度将待办事项划入四象限，有清晰的数据报告。 2.远离信息干扰，进行深度工作。 自我监督：尽量在工作学习的时候保持手机静音；关掉微信通知，只保留消息提示；关掉一切不必要的APP通知…… 辅助软件：Forest。 它可以限制你玩手机的时间，比如你在工作时，打开Forest页面，它就会开始统计你专注的时间，直到你完成工作。 3.将学习成果可视化，感受专注的力量，倒逼专注。 辅助软件：番茄ToDo。 首先，将需要长期坚持才能实现的目标或者任务添加到清单栏，然后每天完成一项就画掉一项。 这个软件可以每天、每周、每月自动生成数据复盘，让你更好地完善时间规划，通过打卡将学习成果可视化，有利于你坚持完成需要花很长时间才能完成的任务。

DAY 第3天
赚钱思维，提升认知才是关键

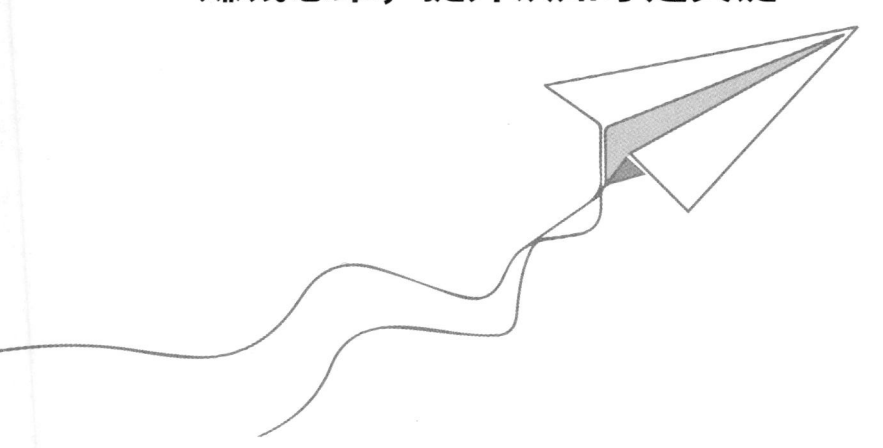

我曾有一位同事，他每天花大量精力在研究股票、买卖股票上，虽然年纪不大，但对投资很有一套自己的认知。他说自己的未来目标就是做自由职业者，靠投资为生。

每次聚会，他聊起的话题都离不开股票，每次股市一有好消息他都会跟我们讲，也会鼓动我们去买。

当时的我不太相信股市，再加上金融知识不足，也不太愿意认真学习理财投资，更愿意"理性"思考风险，会有"赚钱哪有这么容易，他这样浮躁，迟早会吃亏的"的想法。所以，一直以来，我都不把他说的话当回事。

但我们中的另外两个人，因为家庭教育早就知道投资理财的重要性，很早就开始理财了。后来他们真的过上了靠投资收益就能应对日常开销的生活。

但当时的我依旧选择不相信，这是为什么呢？

因为在我当时的认知中，买卖股票就是投机，就是赌博，完全不可控，怎么可能你随便买卖点股票就能赚钱呢？所以我对此是排斥的，即便看到两个小伙伴确确实实赚得盆满钵满，我也还是不信。

现在的我，视野、认知都比之前层次高了，也开始进行投资理财。即便如此,这个经历仍然经常提醒我,当你的认知不到位时,即使机会就在眼前,你也会选择性无视,更甚者,是自信到不相信。

如果你的认知到位了,赌赢了其中的一两个机会,你可能就能富裕一辈子。如果你没有足够的认知,当机会来临的时候,就算你抓住了,也赚不到钱,因为你不知道什么时候撤离;而且凭运气挣的钱,也会被你亏完,甚至可能加倍亏损,最后让你倾家荡产。

你永远赚不到超出你认知的钱,永远,不可能。你现在有多少财富,某种意义上而言对应着你有多少认知。

我们经常会听到这么一句话,只要努力你就能成为更好的自己。但我告诉你这句话不完全对,在我最努力的时候,也恰恰是我最挣不到钱的时候。我发现身边很多人,如果只是单纯努力,每天可能干到凌晨也赚不到什么钱。

所以希望大家都能从"思维固化"中跳脱出来,思考真正能赚钱的思维是什么?背后起支撑作用的认知又是什么?

这是21天逆袭人生的第3天,我们来说说赚钱思维。

第一个思维,充分利用时间

很多人都知道,赚钱方法分三种,第一种叫一份时间卖一次，第二种叫一份时间卖多次，最后一种叫买他人的时间。我们绝大部分人发不了财，是为什么呢？因为你只是在将一份时间卖一次。

比如你给老板打工，上8小时班，1个月老板给你多少钱，其实就是按你这1个月创造了多少价值计算的，相当于你把时间卖给老板，这时候决定你能不能发财的核心是你的时间卖得贵不贵，也就是你的时薪够不够高，因为收入等于时间乘时薪。

有的人月薪能有1～2万，已经属于不错的收入水平了。能否做到这样，就取决于你是不是某个领域的专家，你够不够稀缺。

什么意思呢？比如我很早就拿到新媒体行业"天花板"水平的工资了。

一是因为新媒体行业那时刚兴起没几年，还没出现特别厉害的高级管理者，既懂流量，又懂产品，还懂卖货，还在大公司里干过，操盘过过亿流量，以上素质综合起来，让我有了一定的稀缺性，所以我在很早的时候就能拿到比较高的工资。

二是因为这个行业的专家太少了。经济学告诉我们，一个东西的价格，不只是靠它的价值决定，也受供需关系影响。

如果你现在是某个人才饱和行业的专家，你也赚不到什么钱。因为人太多了，竞争太大了，但新媒体领域相较而言还处于变化中，各行各业都在新媒体化，靠谱的新媒体领域的行业专家，很容易拿到这个行业最高级别的工资。

成不了专家怎么办呢？

你要思考第二个方法，叫一份时间卖多次。

拿我举例子，我利用业余时间出了很多书，这些书就好比是下蛋的母鸡。我现在跟大家聊天，我睡觉、上班，哪怕我出去玩，这些书都在帮我赚钱，每时每刻，每分每秒，换句话说也叫"睡后收入"。

到现在为止，我的图书版税已经破百万了。这就是我只花一份时间，却能持续给我带来收益的方式，除了金钱上的收益，还能持续给我带来个人影响力。我的社交圈，包括人生机会，很多都是我的书带给我的。

有人可能会说，如果我目前出不了书，怎么办呢？其实在你无法撬动很大杠杆的时候，你要有意识地去积累一份时间卖多次的机会。

举个小例子，持续坚持经营朋友圈，就是一种一份时间卖多次的表现。在你还没有能力写书，不是大V，没有那么多人关注你的时候，朋友圈可能就是你最好的用内容展示自己"专业"和"人格"的平台，你发的每一条朋友圈，就是在用一份时间，潜移默化地影响几百甚至几千人对你的认知，比如你今天看了什么书，不发朋友圈就只是自己有收获，但如果你在朋友圈发了感悟，即便只是一则读书心得，也能让你收获别人对你"喜欢看书"的认知，久而久之，你就会撬动更大的机会。

我曾加过一个商业大佬为好友，我发现很多人将朋友圈设置成3天可见，他却完全将之公开（当然了，可能有些不合适公开的内容他自己隐藏了），我当时一口气刷到底，发现每一条都不是简单的"废话"，看完就感觉大佬真是那种"厉害还异常努力"的人。其中有一条，就是讲他怎么通过持续发朋友圈，拿到几千万融资的故事。

我再讲个小机会的故事。

我有一位同事，他是我手下的一个实习生。我时不时就会看到他发自己做的PPT，做得确实不错，几次之后，我就记住了他的这个技能。虽然日常工作中没有直接对接工作的关系，但我对他的印象还是比较深的。

后来，我正好碰到个机会，需要做PPT，我就想到了他，他当时完成得也很出色，因此也得到一笔额外报酬。后续有些大佬的PPT制作业务，我就介绍给他了。慢慢地，他靠着这个打出了一些名声，也有了一些稳定客户。现在年纪轻轻就做了自己的自媒体，在业内小有名气，收入自然也翻了不知多少倍了。

通过朋友圈的持续输出，他也在原本很小的地方，辐射出了很强的能量。所以说，人生一定要多做一份时间卖多次的事情，因为一份时间卖多次才能让你的生命值无限扩大。

所以，我很鼓励你在朋友圈发一些自己的努力、自己最近的收获、自己的技能等方面的内容，一方面通过输出倒逼自己输入，另一方面每一个小分享都会持续地影响别人的判断，积累你在别人那里的信誉值。通过一个一个小机会，慢慢撬动更大的机会。

第三个方法，学会买他人的时间。

这句话的意思不是说有钱才能买别人的时间，而是没钱也要这么做。一个有所成就的人，一定是善于借用别人时间的人。如果你事必躬亲，那就算是干到死，也未必能干出一番成就。

有一个开淘宝店的女生，进货，宝贝上架，运营，客服，全都是自己完成，发货由她老公发。好不容易赚了一些钱，还是舍不得找专门的客服，所有的事情都自己处理，结果没有一个环节能做好。

另一个做跨境电商的朋友，一开始是夫妻两人创业，他们把中国的鞋子通过亚马逊平台卖到国外，一开始因为英文不太好，招了英语专业的实习生。

渐渐地他们把亚马逊运营起来了，后来赚了一点钱，就招更多的运营，更多的客服，把公司的各个环节都分配给不同的专业人才。就这样，事业越做越大，他们反倒越做越轻松，时间也越来越多，这就是借用他人时间来提升效率为自己带来收益。

每个人所拥有的时间都是相等的，但那些成功的人无一不是懂得提升效率的人。通过这些方法解放自己，一旦你拥有了大量的时间，做任何事情都不仅能起到事半功倍的效果，还能快速地积累财富，获得更高效的人生。

第二个思维，学会投资变现

我现在投资了一家烧烤店，还有一家酒吧，情况好的时候，光酒吧一年就能够赚20万元。

为什么要这么做呢？

因为我发现，单纯靠自己的脑子、自己的才华、自己的体力，我可以赚第一桶金，但要赚更多的钱，就要学会投资。所有的富人，一定都是会投资的。他们要么投资实业，要么投资一些项目，要么投资基金、股票。简单来说，投资能力就是"让钱生钱"的能力。

假设有一个人，大学毕业，23岁参加工作（在当前教育制度下，这是比较常见的参加工作的年龄），他每年的税后收入是10万元（这也是北京、上海等一线城市大学毕业生比较普遍的收入），除去合理支出的钱，还可以存下5万元（让我们假设这个人比较节约）。在未来的时间里，他的工资和消费每年都以4%的速度增加，这样到60岁退休的时候，他的年收入将达到43万元左右，当年消费则为21万元左右。

对绝大多数人来说，以上的模型算是一个比较中等的模型，并不算特别离谱。也就是说，这个模型可以代表不少普通人的生活状态。那么，在这样一个模型里，投资对于这位"标准的普通人"，究竟有多么重要呢？

在第一种情况下，假设这个人一辈子都不进行投资，所有的钱都换成现金放在银行，那么他这辈子从23岁工作到60岁，这38年的总收入，会是860万元左右，总支出会是430万元左右，可以存下约430万元。

而在第二种情况下，假设这个人每年能够把手上所有的资产都用于稳健投资，可以取得10%的投资回报，那么他到60岁时的总工资收入仍然是860万元左右，总支出仍然是430万元左右，但是他总共可以获得2700多万元。这2000多万元的差额，就来自投资。

更有意思的是，对这位投资水平尚可的人来说，他的投资回报会在37岁那年超过17万元，而当年他的工资收入恰好是17万元左右：他的投资回报第一次和他的工资收入持平，并且从此以后远远高于他的工资。在45岁的时候，他的当年工资约24万元，投资回报则约48万元，是工资收入的2倍。在60岁时，他的当年工资是43万元左右，投资回报则是248万元左右，约是工资收入的6倍。

虽然上面这个案例中的数字是假设的，但我们能看出来，这个差额是非常惊人的。

我自己很长一段时间就是这样，能赚到不少钱，但我并不懂投资，导致我在原始积累的过程中就很累。

不要再把投资当成闲暇时的消遣，而要持之以恒地去做，像重视工作和教育那样重视我们的投资。

同时，一定要理性投资，一定要针对那些你有把握的行业投资。像我自己投资了一些信托、港股、基金，也投资了一些线下的店铺，而所有我投资的东西我自己都懂一点。

第三个思维，重视圈子

2020年，有个大哥让我们去买特斯拉的股票，当时特斯拉每股才80美金，我就买了一点，很快它就涨到了每股100美金。

我有一个朋友，当时一下买了600万人民币的特斯拉股票，后来特斯拉从每股80美金涨到了每股600美金，他也一下就实现了财富自由。

高端的圈子相互扶持，抱团发展；低端的圈子彼此拆台，互相嫉妒。

圈子很重要。人生路上一定要去结交一些比你有钱、比你有能量、比你更强的人，这些人会带着你更快地认识世界。

远离那些每天无所事事、愤世嫉俗的人，因为这类人会削弱你的能量。如果你此时没有机会接触大佬，请多交一些正能量、上进、积极的人，最好你们有一些共同目标，比如我有一群朋友，我们每天就是讨论怎么挣钱，怎么提升自己，互相加油打气，整个圈子都非常简单、积极。

无论是小圈子还是大圈子，都有它的闪光点，就像聚光灯照射的地方一定很闪亮。

21天逆袭人生 / 第3天
提升赚钱思维执行清单

赚钱思维	具体操作
第一个思维，充分利用时间。	核心：用一份时间把自己打造成一个"产品"，再把这个"产品"用不同的形式卖出去，等自己有资本了，再买卖他人的时间。 第一步，找到第二收入来源，打造影响力。 本职工作+自媒体：精进本职工作，持续不断地输出本职工作方法论，打造"专业形象"。 写作+自媒体：开启第二职业，最推荐写作，当然，你有更喜欢的也可以去做，比如学外语兼职翻译、学剪辑兼职剪片子等，持续不断地输出学习过程、经营副业过程等。 第二步，通过个人影响力开始"一份时间卖多次"。 写书、讲课、做咨询等。 第三步，雇人帮你去做一些事情，学会买他人的时间。 这不一定是最后才做，比如你不会剪辑，可以找个兼职帮你剪辑，花更多时间在其他重要的事情上就行。 我觉得这是一条目前而言对普通人性价比较高的路径，路径可以不一样，本质是你要懂放大你的影响力，朝一份时间卖多次的目标前进。

续表

赚钱思维	具体操作
第二个思维，学会投资变现。	多学多看，终身学习；投资是一个杠杆，一定要重视。 路径：第一，学会攒钱；第二，学习投资；第三，不会的时候不要轻易下场（信息时代，大家可以自己搜索相关资料，也可以看我的《极简学理财》）。
第三个思维，重视圈子。	核心：提升自己，有了资本，主动联系你想认识的人，进入你想进入的圈子。 第一步，确定一个阶段性目标，找到3~5个同行人，一起努力达成； 第二步，目标达成后，有了资本，一方面会有意想不到的人脉向你走来，另一方面你可以以这个成绩去主动联系你想联系的人（现在的大佬们都有社交平台）； 第三步，运用以上两步，持续迭代你的目标和圈子。

DAY 第4天
吸引力法则，你想要的都会来

朗达·拜恩在《秘密》一书中提到过"吸引力法则（Law of attraction）"——**思想集中在某一领域的时候，跟这个领域相关的人、事、物，就会被它吸引而来。**

你生命中发生的一切都是你吸引来的，改变了思想就改变了命运。

也就是说，当你一心想实现某件事时，整个宇宙都会配合你。吸引力法则认为信念是一种能量，能够将我们关注的任何事物吸引到我们的生活中来。

你可能会觉得这听起来很玄？

但我告诉你，我曾经和你一样也这么觉得。我很早就听说过"吸引力法则"的理论，只是当时是不屑一顾的。当时我觉得，只有弱者才信这套"神神道道"的东西，精英的成功靠的是专业的技术+努力+自律+好运降临时能牢牢把握住的能力。

直到最近几年，我接触了更厉害的人、更重要的事情之后，改变了我的思维。我才深刻地发现，**吸引力法则的意义在于"共同创造"**——你和这个世界进行合作，共同把你相信的东西给创造出来。

我真正相信它之后，一些不可思议的事情在我身上发生了。

我很快获得了现在的一切，在认知、事业等方面取得了令我自己满意的成果。

这是21天逆袭人生的第4天，如何用吸引力向宇宙下KPI（关键绩效指标）？

第一，吸引力法则比你想象中强大

爱因斯坦的老师、量子物理学之父——马克斯·普朗克，在100多年前（1918年）就拿到了诺贝尔物理学奖，他认为，**世界上根本没有物质这个东西，物质是由快速振动的量子组成**。

根据吸引力法则"同频共振，同质相吸"的原理，外在世界就是内在能量的投射，假如你想过上幸福美满的生活，调和内在能量状态是至关重要的，而且是首要的。

很多朋友都听过张德芬老师讲过的一句经典名言，她说"亲爱的，外面没有别人，只有你自己"，讲的就是这个意思。

假如外界投影出来的内容你不喜欢，你去修改"屏幕上的东西"，基本上是没有任何帮助的。最根本的方法，应该是直接修改"电脑里的档案"，这样外界投影出来的就会同步显现。

吸引力法则，其实就是修内功，用内在的喜悦、丰盛去吸引同频的能量。

你相信什么，就会吸引到什么，这叫心想事成。

你怀疑什么，什么就会与你擦肩而过，这叫不信则无。

你抱怨什么，什么事就会在你身上发生，这叫怕什么来什么！

很多时候面对机会和挑战，最主要的就是相信，然后付诸行动，结果就会像你相信的那样。这叫意识决定结果。

相信就是力量！你关注什么，就会将什么吸引进你的生活。

你是什么样的人，就会遇见什么样的朋友。你是什么样的人，就会遇见什么样的爱人。

你是什么样的人，就会遇见什么样的生活。你是什么样的人，就会进入什么样的世界。

现在，这个法则被运用到社会心理学的领域中。说简单点，就是指人的思想总是会与其一致的现实相互吸引，和频率相同的人达到同频共振。

举个通俗易懂的例子，你总是担心的坏事发生了，你会认为是你的直觉很准，其实这只不过是你的信念害了自己。相信在前，行为在后。此外，如果你坚信善良的人更多，那么你真的就会遇到很多善良的人。反之，你的周围就会围绕一群狐朋狗友、见利忘义之人。

很少有人知道吸引力法则的秘密，但实际上那些少数的成功人士正是因为悟到它，运用它，才最终走向成功。

第二，吸引力法则怎么运用

第一步，从现在开始，你要大胆地、具体地想象你想要的生活。

我之前有个同事，他对赚钱非常渴望。我就问他："你三年要赚多少钱呢？"他说不知道，反正要赚很多很多钱。我说很多是多少，他支支吾吾想半天说大概100万。

其实这对吸引力法则而言是个非常不好的目标。你的目标不够详细，上帝想为你实现愿望，他都不知道怎么给你完成。

既然你想要向宇宙下KPI，就要具体地把这个愿望描述出来，越详细越好。

下面是我曾经给自己定过的一个目标，大家可以参考一下。

3年以后，我要在北京××小区，××单元，买一个××平方米的房子，大概需要××元。

这叫具体的目标。包括我自己一年要出几本书，书的销量是多少，这些书大概会给我带来多少经济收益，我都会列得非常清楚。

很早之前，我向宇宙下过一个订单：宇宙啊，毕业3个月之内，我一定要在北京全款买一辆宝马！

我吸引到的结果是：我在刚毕业不到3个月的时候，就全款买了一辆宝马530，算上车牌落地花了差不多45万元。

目前的我，已经在宇宙的帮助下完成很多KPI了，这是发生在我身上的真实故事。

可以试着在下面的表格里描绘一下你未来3年想过的生活。

在未来的第一年里，我要改进：	在未来的第二年里，我要改进：	在未来的第三年里，我要改进：
我要提示：	我要提示：	我要提示：
我该做：	我该做：	我该做：

第二步，进行积极的自我暗示。

心理学讲人是唯一能接受暗示的动物。你想什么，你相信什么，你就有什么样的气场。

费斯丁格法则认为，生活中的10%是由发生在你身上的事情组成，另外90%则是你对这些事情的态度而引发的一系列活动。换言之，生活中只有10%的事情是我们无法掌控的。只要我们积极地思考，以积极乐观的态度处理问题，就会推动我们产生积极的行为，最终也会让我们得到一个我们想要的结果。

《潜意识的力量》作者约瑟夫·墨菲坚信氛围的感染力，他会在每天放松心灵时，反复对潜意识诉说自己的需求，告诉自己"我非常爱钱，我用钱时会很高兴，我希望我的钱还能多翻几倍再回到我的钱包里"。

如何构建这种氛围呢？

我在《极简学理财》里面就介绍了三个方法。

第一个叫每天多看看你的钱。

我的电脑密码是"JCWG"（家财万贯），我的很多密码都有很多888（发发发），我在车上经常听《财富自由之路》有声书；一打开我的电脑，桌面就是我的3年目标。我每天都浸润在赚钱的目标和氛围中。

第二个叫多交流。

有一句话是这样说的：**一个人的财富是其最常交往的5个人的平均值。**

可以经常和爱"搞钱"的朋友们一起聊天，一起玩，你会发现不知不觉，你们的聊天内容都是在探讨怎么去"搞钱"，现在有什么方法可以让自己变得更好，有什么新赛道值得做，互相之间有什么机会可以一起抓……

你自己一个人的时候，虽然有"搞钱意识"，但这个信号和这个"网"肯定没有几个人一起大。

第三个叫多感受。

我在定了买房子的目标后，就很喜欢关注一些楼盘的信息，并且实地看房，自己脑海中也会经常幻想住进房子的感觉。然后激励自己努力，等努力有了正反馈，又会增加很多信心。久而久之，我发现宇宙真的在给我配"房子"，这个目标离自己越来越近，每天就更有动力。

第三，心怀感恩

吸引力法则不是让你坐等天上掉馅饼，而是要你快速行动、不要拖延、不要猜测。即使你一开始有了目标，但不知道怎么去行动也不要紧。只要每天保持愉快的心情，心怀感恩，磁场就会慢慢转变，吸引力就会把机会带给你。

如果你的内心是糟糕的、沮丧的，你可以通过记录值得你感恩的人或事的方式改变自己的心境。当你开始做这个练习的时候，你的生命就会出现更多值得你感恩的人和事，能将你的想法从负能量转变为正能量，这种正向的磁场吸引来的东西往往也是正向的。

列出一张感谢表，目的是把你的能量转移，从而改变你的想法。因为在这之前你老是想着自己没有的东西，你可能把注意力集中在讨厌的事情或者难解决的问题上。当你开始做这个练习，开始步入新的方向，开始对生命中的美好事物怀有感恩的心时，你就能吸引更多美好的事物，从而你的生命里就会出现更多值得你感恩的事物。

我自己每天会写感恩日记。感谢我身边的谁帮我了，感谢我又获得了什么东西。那些能给我正反馈，能给我带来能量，能让我发财的人，我会非常感激。后来我发现写的东西多了以后，无形之中那些帮我的人更愿意帮我了。

一切就是这么神奇。

朗达·拜恩在《秘密》中就提到，感恩也许是让你的生命更加丰富的方法。《少有人走的路》里提到，懂得感恩的人，不仅自己快乐，也能给他人带去快乐。心理学家肖恩·阿克尔通过研究感恩日记发现，每天晚上写下3件新的、让你心存感激的事情，持续3周你的大脑感知世界的方式就会发生改变。

感恩日记的具体实践方法：从今天起，每天晚上睡前回忆并记录下3件感恩自己的事情和3件感恩别人的事情，持续3周不间断。这个方法和我之前说的成功日记可以同步进行。

当然，内在潜意识的力量是巨大的，外在必要的行动也是必不可少的，有些吸引力法则的初学者会有一些误解，以为只要躺在家里吸，啥事都不用干，就可以心想事成，不劳而获，不是这样子的。

"水滴筹"创始人沈鹏，当初在大学时就决定要加入创业公司，为了加入美团，他给美团的几个关键人物发了邮件。

2010年1月，从中央财经大学毕业的沈鹏加入王兴的创业团队，成为美团第10号员工，经历过千团大战。2013年年底，美团创立美团外卖，沈鹏担任第一任项目负责人，带领美团外卖从零做到市场份额第一。

充满信心，相信自己可以办得到，这种坚定的信念会促使你靠行动一步步不断靠近自己的目标。

在这个过程中，可能我们都不会意识到自己一直以来都在努力，最终达成目标也只是觉得自己很幸运。这也是生活中很多人的缩影——在运用吸引力法则，自己却没有意识。

但要想更好地在生活和工作中做得更加出色，不妨有意识地使用吸引力法则。

首先，明确自己的需求，这个需求不能是一个模糊的概念，应该是具体的、可行的目标，并把自己的注意力都集中在这个目标上。在此特别提醒一下，不学习不看书不复习，还希望不挂科，这不是在利用吸引力法则，只是在投机取巧，白日做梦。

其次，对自己的目标充满热忱和渴望。对目标的渴求程度决定了吸引力法则能发挥多大的作用。

最后，是行动。无论是多么细微的行为，无论是多么小的行动，都必须真正实践起来才行。

你的行动，是激活吸引力法则最重要的那一把钥匙，你必须采取跟梦想相关的必要行动，向宇宙宣告你是玩真的。

21天逆袭人生 / 第4天
吸引力法则执行清单

用好吸引力法则三步法	注意事项
第一步，拿出笔和纸写下目标。	1.不要使用"我不想、我想要、我希望、可能"这类词，比如： 将"我希望能找到理想的工作"改成"我可以找到理想的工作"； 将"我不想再还信用卡"改成"我可以清零负债"； 将"我想要一年后挣100万"改成"我一年后已经拥有100万"。 2.目标越细越好，你许愿买房子，那么你可以把什么时间、什么地点、什么小区、什么户型、多大面积、多少钱等一系列你能想到的都写下来。 比如：3年以后，我要在北京××小区，××单元，买一个××平方米的房子，大概需要××元。

续表

用好吸引力法则三步法	注意事项
第二步：将目标可视化并坚定信念。	1.把喜欢的房子、车子，甚至未来的理想伴侣写出来贴在墙上或放在自己的愿景板里！ 2.坚定信念，把怀疑自己到底行不行这类思想丢掉，坚定的信念会转化成正向的潜意识。
第三步，立刻执行并学会感恩。	方法：写感恩日记。 1.使用自己的专属感恩日记本，用纸和笔手写。 2.每天固定的时间写，定闹钟。 3.每天写3件事情以上，以感恩开头。 4.把感恩的原因和正面情绪加进去。比如：我喜欢……我欣赏……我感谢……我开心……我感觉到被爱…… 5.（可选）发送祝福给不喜欢的人，将负面情绪转化为正面情绪。 6.感恩未完成的事，加速它完成。 7.坚持21天。

重点：看《秘密》这本书，深刻了解吸引力法则。

DAY 第5天
向上社交，破圈获高价值人脉

巴菲特曾经说过一句话："你最好跟比你优秀的人混在一起，和优秀的人合伙，这样你将来也会不知不觉地变得更加优秀。"

我自己真实的感觉，我会比一些同龄人获得相对更快的发展，就是因为我近几年的社交圈普遍都是比我大10到15岁的人。我从2017年来北京，我相交甚好的朋友都是比我年长10岁左右的人，为什么呢？

因为同龄人之间，在一起会比较随意，聊的都是一些日常话题，比如今天去哪儿玩，吃到什么好吃的。当然，我并不是说这些事情不重要，只是不太适合我"一心奋斗"的状态。

我跟年长的人在一起时，我们聊得更多的是怎么去管公司，怎么去挣钱，他们有着丰富的经验可以启发我怎么更快更好地达成现阶段的目标。

成长的路上有太多"隐性规则"，都是需要靠经历和时间去探索出来的，这个过程，如果你一个人走，你就会走很多弯路。再比如，我现在取得了不错的成绩，但难免也有迷茫的时候，这些迷茫，大部分同龄人还没经历过，更不知如何开导我。但如果有个"大佬"，就不一样了，因为他是"过来人"，在我眼里天大的事对他来说可能都不是事。

年轻的时候，如果能有一些大佬开导你、指导你，真的会让你少走很多弯路。

我自己就有切身体会，向上社交带给我的帮助实在太大了。**但我发现，平时在生活和工作中，很多人对向上社交是没有意识，或者是恐惧的。**

绝大多数人更喜欢与和自己差不多的人社交，比如和同学、同事等。与向上社交相对应，这种叫"平行社交"。

一方面，我们在生活中与同一阶层的人更有话题，互相了解，交流起来不费力。另一方面，平行社交下，人与人之间相对平等，思维层次是相似的，我们不需要思考就可以获得一段紧密关系。

但向上社交，对方在一个比你"高"的层级上，你自然而然会发怵，不敢开玩笑，这种"地位的不平等"，必然带来交流的不平等。

我曾经带一个朋友去参加一些大佬的饭局，别看他平时伶牙俐齿，到了饭局一看，全是真大佬，刚开始就蒙了，也不敢发挥，生怕自己说错话，做错事，索性直接不开口。

其实完全不必这样，我们可以注意分寸，但不能过于妄自菲薄，该主动的时候一定要主动，总不能等着大佬先来找你吧？

所以，我们很容易忽略向上社交，忽略去和自己的老师、领导，一些专业大佬进行社交，其中最核心的原因就是，**我们不够自信，没有底气与他们进行社交。**

杨天真关于如何向上社交的看法，有两点我特别认同：

第一点，人际关系应该反着人性来。比如遇到高位的人，我们容易忐忑、崇拜、高看；遇到同辈甚至更低位的人，我们容易不屑一顾。反着来的意思是，**越是高位的人越不要高看，越要平视、不卑不亢；越是同级甚至更低位的人越要多给点面子，这样人际关系就容易处理多了。**

第二点，及时总结跟高手之间的聊天，定期反馈，经常反思。这样做的本质是让他知道你是个认真努力的人，对他说的话很重视，并且真的在不断成长，这样别人才会越来越愿意帮你。

向上社交和平行社交一样，其实都是讲究方法的，如果你能够走稳每一步，向上社交就能易如反掌。那么在生活当中，我们要如何进行向上社交呢？

这是21天逆袭人生的第5天，我们如何向上社交？

一个原则：一定要主动出击

我在20多年的人生中悟到的最重要的一个词，就是**主动**。

没事就去参加一些行业论坛，或者参加一些聚会，厉害的人往往会作为分享嘉宾站在台上。大多数人在专家分享完就走了，但其实，看完分享你只做了一半，另一半是争取与分享嘉宾面对面交流，能加到联系方式，才是最终的成功。

通常在嘉宾分享后会有互动环节，你要主动站起来，表达你的看法，说老师讲得特别好，有一个细节我觉得讲得太好了，然后再好好介绍一下自己，体现出自己的价值。为了以后有更多的交流机会，询问是否可以加老师的联系方式。

我用这个方法，在籍籍无名的时候，结识了很多未来对我产生巨大影响的人。

当然，参加行业大会只是一个方法，我真正想跟你们说的是**一定要主动**，这个主动包括一切你试图达成目标所付出的行动。

我有一段时间想认识一些特别厉害的人，我就想我身边的朋友谁能帮我认识厉害的人。后来我发现我有个腾讯的前同事，他是做腾讯娱乐的，经常会采访各种各样的明星。有一次我就问他，你最近有没有明星的局，能不能带我去一下，后来他真的把我安排去参加了一个明星的局，这位明星还是一个非常厉害的人。

所以说，一切都可以争取。主动一些，你会收获你意想不到的东西。

四大向上社交秘诀

第一，你要有代表作品。

我看过一个特别扎心的问题：你在电梯里遇见了马云，你有5

分钟可以向他推销自己。此时，你会不会向他介绍自己？你怎么介绍才能让他对你印象深刻并且以后会帮你呢？

答案就是，要有自己的"作品"。

还是前面见明星的例子，因为我们当时一同去的有9个人，我们轮流自我介绍。我就跟大家说："大家好，我是吕白，如果用两个字形容自己的话，我觉得是**爆款**。我之前出过7本和新媒体爆款相关的书，我也做过大量新媒体案例和顾问咨询。"

然后，我一说完，我就明显感觉到那个明星对我有很大兴趣。我也是当时9个人中，他第一个主动加好友的人。

回去的时候，他还主动找我聊自己在新媒体方面遇到的一些问题，我们当时聊了1个多小时，聊完已经很晚了，我马上给他写了一个700多字的反馈。这个反馈涵盖我们聊的5个问题以及这5个问题的解决方案。

我把我的反馈发给他看之后，他非常开心，他觉得我是一个特别尊重他时间的人，最后也表达了跟我见面很开心的意思。后来我们陆续有一些联系，他还为我的内容付费了。

所以，我们一定要有自己的代表作品。这本质上就是学会创造自身价值，并且学会梳理自身的价值。

对职场人而言，你们身边的大佬或者贵人，就是你们的上级领导或者你们行业的大佬。如果你有较强的工作能力，或者你能帮助领导解决一定的问题，你完全可以通过这个来换取领导的社会资源，让他帮忙拓展人脉，介绍好的工作、赚钱机会。

第二，直接付费获取经验。

很多时候，我们能接触的人都比我们厉害，我们可能也提供不了他们所需要的价值。

就像最开始的以物换物，你有螃蟹，我有鸡，我们能换一下，后来发现你有螃蟹我想要，但是你根本不需要鸡，好在这个时候出现一个东西叫货币，我就可以用货币买你的螃蟹。

比如，你可以找一些知识付费渠道，或者在社交平台找一些付费栏目，然后你为他付费。

爱因斯坦曾说过："知识是经验，除此之外的都只能称之为信息。"

互联网普及，表面上我们获取信息的渠道变多了，实际上，那些免费信息都不是真正有价值的内容，也不会构成"信息差"。

付费才是高效获取经验的方式。

一个厉害的人免费跟你聊天，他未必会上心，未必会给你一些真的可行的建议。但作为大佬的付费顾客，就不一样了。比如我自己，因为精力有限，每天比较忙，只会对我的付费用户上心，每次都会给到最真诚、具有实操性的建议。

这跟巴菲特午餐的作用是一样的。那时，我们和大佬的关系，就是一个平等的可以互换价值的关系。

第三，你能给他提供价值。

很多时候，如果大佬不需要你付费，你可以从自身的价值出发，这种价值往往不需要很大。比如说大佬需要一个人可以帮他剪片子、写脚本，你可以第一时间跟大佬说我可以，或者在自我介绍中主动介绍自己的技能，希望可以免费帮大佬做些事情。

我一个朋友就是在大学时自荐免费帮大佬运营社群，现在已经成为自媒体圈一个大佬的合伙人了。

所以，从一些小事开始做起，让大佬看到你就很重要。

第四，主动让大佬帮小忙。

如果说你已经跟大佬建立起比较好的关系，然后你也有价值或者你为他付费过，就主动让他帮你一点点小忙。

富兰克林效应告诉我们一件事情：**帮过你的人更愿意继续帮你。**

如果他没有在小忙上帮你，那他可能以后也不愿帮你大忙。当然前提是要么你为他付费了，要么你有价值。

在没有这两件事情之前，你不要去做这种事，毕竟人家没有帮你的理由。

这里有个重点，帮完之后，过一段时间一定要反馈他。让他知道帮你是有效果的，你是有收获的。这样一方面加深你们之间的交流，你在大佬这边的存在感会更强；另一方面会让他看到你的成长性，之后更加愿意指点你、提携你。

不要吝啬你的感恩，适当时候"公开感谢"，小一些可以发条朋友圈，大一些可以找公开场合进行感谢。相信我，没有人会不喜欢一个好学且懂得感恩的年轻人。

俗话说，金无足赤，人无完人。

你要知道，那些所谓的大佬再优秀，首先也只是凡人，不过他们可能比我们更努力，更有资源，或者更幸运地碰到了合适的机会，才有今天的成就。

所以遇到比自己优秀的人，我们并不需要去"神化"他们，我们要勇敢自信地去认识他们，通过恰当的方式与对方建立强联系，把他们变成自己人脉网上重要的一个部分。

路遥在《平凡的世界》里写道："在一个人的思想还没有强大到自己能完全把握自己的时候，就需要在精神上依托另一个比自己更强的人。"

最后送大家一句话：

人与人之间就是一个相互成就的关系，不怕出丑才能出彩。向上社交展示自己，平行社交放低自己。

21天逆袭人生 / 第5天
向上管理/社交计划执行清单

向上社交秘诀	具体内容
一个原则：一定要主动出击。	核心：提升自我价值+主动出击。 第一步，写下你想链接的人，根据可能性分级为暂时没机会链接的人、3年内链接到的人、目前有机会链接的人。 第二步，先不考虑暂时没机会链接的人，但要时刻关注机会；聚焦在目前有机会链接和3年内有机会链接到的人身上，采取行动。 方法：利用社交工具主动联系（自己有作品来展现价值，主动给大佬提供价值等），通过朋友介绍，付费链接等。 第三步，可以链接的先主动链接；再针对3年内有机会链接到的细化路径，不断达成链接目标。 如果现在专注自我价值，那就等有资本了再去链接；先链接到某人，通过他再去链接更多的人。

DAY 第6天
杀死拖延症，升级个人系统持续精进

《黑镜》的编剧查理·布洛克经常会被问到如何创作，他回复说：**"不要谈什么天分、运气，你需要的是一个截稿日，以及一个不交稿就能打爆你狗头的人，然后你就会被自己的才华惊讶到。"**

这句话我太喜欢了。

以前专职写作的时候，似乎不到交稿最后一刻，就没有灵感。每次都在想，下一次可千万要早早交稿，这样就不用熬夜了，但很可惜，下一次还是会拖延。

后来，和同事们聊到拖延这个话题，发现这是大家的通病，其中属文字工作者最甚。

我不知道拖延症这个词是从什么时候开始流行的，但似乎戳中太多人的"痛点"了。看TED[1]演讲者蒂姆讲拖延症话题的视频，很长时间内都是平台上播放量最高的，就知道了。

微软联合创始人比尔·盖茨在内布拉斯加大学林肯商学院演讲时，坦言自己曾经是一个严重的拖延症患者。在哈佛大学读书的时候，他经常直到考试的最后一刻才开始复习功课。后来进入

---

[1] 一个让各领域杰出人物分享观点的平台。——编者注

商界，他逐渐意识到这是一个非常不好的习惯。

虽然如今较之前已经有了很大的改善，但比尔·盖茨表示，时至今日，自己仍在努力同拖延症做斗争，经常会有意识地提醒自己提高效率，不要拖延。

中国社科院的一项调查数据显示，中国80%的大学生和86%的职场人都有拖延症；50%的人不到最后一刻，绝不开始工作；13%的人若没有人催着，就不能完成工作。

看来天下真的苦"拖延症"久矣。

从词源学上来说，"拖延"（Procrastination）这个词有两个意思，一是把事情推迟到明天再做，二是做与更好的判断背道而驰的事情。

那拖延的本质是什么？有一本书叫作《拖延心理学》，是被视为"战胜拖延症圣经"的书，据说作者拖了整整两年才交稿。里面有这么一个观点，拖延的人往往都有失败恐惧症，他们的内心被一个错误的逻辑束缚，做事失败=我能力有问题=我是个没有价值的人。因为害怕失败所以不愿意开始，导致拖延。

它最大的坏处莫过于"折磨我们"。

在这个过程中，事情一直在那里，无论做其他什么事，心里还是会惦记。随着截止时间临近，痛苦程度也呈指数级增长。如果最后没做好，我们也会懊恼，毕竟是自己一拖再拖，结果坏了事。

大多情况下，产生拖延的原因有以下6个。

1.不重视这件事。比如领导说要预约一个会议室，我们看这会议并没那么重要，于是拖着拖着就到了下班的时候，再去预约表上一看，所有会议室都被其他人预订了。

2.不喜欢这件事。比如接到一个不喜欢的工作，实在没有动力去做，自然一拖再拖，到了万不得已要做时，才开始动工。

3.做不了这件事。比如突然让你准备公司的年度品牌发布会，之前没做过，任务又艰巨，完全不知道怎么入手，结果自然拖到最后。

4.完美主义倾向。比如有一天的时间做PPT，一开始就纠结封面设计，结果在这里就浪费了半天时间，封面是好看了，但留给内容部分的时间不够了，最后也只能加班加点赶工。

5.常被琐事打断。比如重点工作做到一半时，突然有其他事情插进来，于是换了方向，结果重点工作进度被迫推迟。

6.容易受到诱惑。比如完成了一部分工作，想要犒劳自己，于是打开抖音，想着看两条视频解压，结果一看就是1小时，留给自己完成后半部分工作的时间不多了。

这是21天逆袭人生的第6天，我们一起来"杀死"拖延症。

作为曾经的拖延症"重度患者"，现在的"轻度患者"，且基本处于已经自愈状态的我，如何在一年内能出7本书，主业经营公司，管团队，副业还要做小红书，弄咨询呢？

其实核心就9个字：**立刻做，系统做和享受做。**

🎵 第一，立刻做——5分钟行动法

我一直相信一个观点，就是脸书的信条：先完成，再完美。完美是相对的，处于概念层面；但是完成任务是必须的，是需要付诸行动的。你要先搭出框架，初步填充，再根据反馈进行升级，而不是苛求一步到位。

我这里也推荐一个方法，叫作5分钟法则。

对于自己不想完成的事情，强迫自己做5分钟的任务，你可以告诉自己5分钟后停止。但通常情况是做5分钟后你就会有继续做下去的动力。

具体操作：深吸一口气，设置一个5分钟的闹钟，告诉自己，我就只干5分钟，5分钟后就休息。先易后难，不要做太难和复杂的任务，先做一看就可以立马行动的任务。5分钟很快就会过去，状态会开始变得轻松，给自己完成5分钟任务的正反馈。

能5分钟内做完的事情为什么要花1小时才解决呢？能迅速搞定的事情就迅速解决。

🎵 第二，系统做——番茄工作法

首先，列一个待办事项清单。列出自己当下要做的所有事项和目标；然后，根据时间管理四象限法则，去掉"不重要但紧急"和"不重要且不紧急"的事项，留下"重要且紧急"和"重要但不紧急"的事项。

针对留下来的几个事项，把一件事情分割为多个25分钟的番茄钟任务。用甘特图描绘一个表格，第一行标注时间，第一列标注重点事项。做完一个立马就往相对应的表格打钩或者涂色。

让自己的行动与奖励完美契合。大脑不断产生多巴胺，行动时就不会觉得累，反而动力十足。

放大正反馈的力量，强化行动后给予的奖励带来的成就感，让行动持续上瘾，彻底摆脱拖延症。

比如你现在需要做一项重要且紧急的工作任务，但你一直躺在床上刷短视频。你就想，我做一项任务需要1小时，把1小时划分为两个25分钟，中间休息10分钟，然后把目标转换为我只需25分钟就能体验完成事情的快乐。25分钟后立马打钩，这样持续不断有成就感鼓励你继续做下去，直到把整个任务完成。

那么为什么是25分钟呢？因为科学研究表明，25分钟是一个人集中注意力的最大限度，所以你能专注25分钟就够了。

畅销书《微习惯：简单到不可能失败的自我管理法则》的作者为了提高身体素质，一开始安排了丰富的健身计划，但总是因为拖延完不成。后来改变计划，一天只做一个俯卧撑。作者说："我意识到锻炼正在变成惯性。即使是面对这么微不足道的挑战，我每天也都在做了不起的事情。"

整个过程无痛无压力，还会让你正反馈满满。一个反拖延正循环就达成了。当我们用特别简单的方式开始行动的时候，成就感就会特别容易获得，开始行动第一步的问题立马就能被解决了。

🎵 第三，享受做——拒绝内耗，享受正反馈

拖延是因为自己在预想中提高了完成事情的难度。把一件简单的事情想得很复杂很难，于是自己的惰性慢慢上来，一直不想行动，时间越拖越久。

然后慢慢陷入内耗，愧疚，导致拖延症越来越严重。但其实无论是谁都会有拖延症，那些专家和大佬也一样。

《拖延心理学》是专门讲战胜拖延的好书。但有一件事可能很多人不知道，作者患有严重的拖延症，所以图书出版的时间比当初和出版社约定好的时间晚了两年。

连研究拖延症的专家都有拖延症，所以我们身为普通人，应该认识到拖延症是大家的通病，没有必要愧疚，甚至产生内耗心理。那么，要如何战胜拖延呢？

改变认知：尝试接纳拖延症，多运用积极暗示、增加成功体验、放大优点等方法获取自信，让自己改变完美主义的心理，这有助于改善拖延症；同时要认识到任务的烦琐与难度，长期的劳累会导致厌恶感，从而造成拖延，可以适当附加奖励，减少任务量或者转换任务。

改善习惯：首先，制订一份日常生活的时间表，比如每晚7—9点在书桌前阅读，养成良好的习惯，长期坚持，这会让你感觉更自信，心理负担也更小。其次，可以适当地通过放松、娱乐来调整自己的心情，获得暂时的积极情绪，坚决不能逃避现实。然

后，尽量发挥群体的作用。群体氛围可以提供特殊的情境，与朋友一起克服坏习惯，效果会更好。最后，消除影响工作效率的一切干扰，全心全力地去做事情。

学会分清主次：把大任务分成小任务，小任务完成起来比较容易，这样也会有效改善拖延症。

降低对任务的难度预期，让自己在开始行动之前就描绘出自己完成任务后的成就感。

比如我现在要写年度计划，但是我太懒了一直没有行动。我就开始想：完成年度计划我会更专注于我的目标，成长得比同龄人更快。这件事情对我的成长意义太大了，我花时间做这件事情是超值的。不断给自己积极暗示，执行起来一点都不痛苦，然后就会开始沉浸式行动起来了。

我之前也会经常赖床。于是我结合5分钟法则，把"只要先起床站起身来，就已经超过99%人了！"打印出来，张贴在床边，一睁眼我就能看得到。从此，我就再也不会赖床了。给自己一个暗示："先完成再完美。做得再差也比不做好100倍。"

记住，最怕的不是你不会，而是你迟迟不开始。千万不要把整个世界拱手让给那些比你弱却比你努力的人。大家的能力水平其实都差不多，"迅速执行"才是拉开人与人之间差距的核心原因。我相信，当你开始摆脱拖延症时，你就会感受到一种从未有过的重生的力量。

21天逆袭人生 / 第6天
杀死拖延症执行清单

摆脱拖延症	具体方法
第一步，知道自己为什么拖延。	根据文中说的六个拖延原因，写下自己的拖延症症状。 你的原因是：

续表

摆脱拖延症	具体方法
第二步，针对不同拖延症的建议。	1.如果是因为不重视这件事，那么建议设置提醒。 2.如果是因为不喜欢这件事，那么建议多找一个做这件事的理由。 3.如果是因为做不了这件事，那么建议把做不了的事情拆分为可执行的步骤，然后"没那么难的"赶紧做，"难的"就跟领导沟通寻求突破。 4.如果是因为完美主义倾向，那么建议把完美主义用在最重要的部分，剩下的就用 80 分的标准要求自己。 5.如果是因为常被琐事打断，那么建议准备一张便利贴，其他事情来了先记录下来，有空时再处理。 6.如果是因为容易受到诱惑，那么建议关闭手机的部分功能，或改用手表代替看时间的功能。
第三步，执行方法。	第一，立刻做——5分钟行动法。 具体操作：深吸一口气，设置一个5分钟的闹钟，告诉自己，我就只干5分钟，5分钟后就休息。 先易后难，循序渐进。 第二，系统做——番茄工作法。 具体操作：先用番茄工作法，写下预期完成待办事项所需的时间，将之切分成多个25分钟，逐步完成。 第三，享受做——拒绝内耗，享受正反馈。 具体操作：每做完一个番茄钟，就停下来给自己一个心理暗示，积极鼓励自己，让自己有一个好的心理状态投身下一个番茄钟，直到最后完成这件事情。 三步下来，拖延症就会减轻很多，还会增强你的专注力。

DAY 第7天
精进表达，做会说话的人

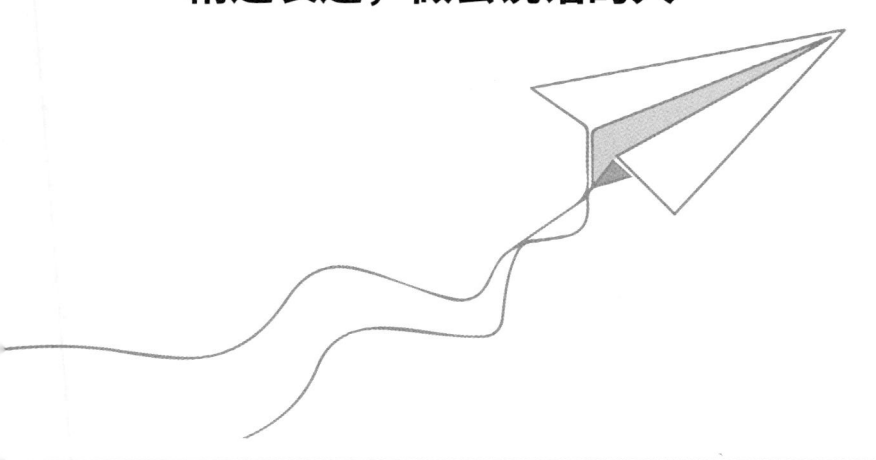

如果一生只能拥有一种能力，你会选什么？

我选表达力。

之前，我和一个公司高管聊天，他说他手下有一位同事，上周主动要求加薪，他很果断地同意了，而且加薪幅度还不小。

原因是，他的那位下属专门写了一份加薪申请书，带着这份申请书，提前做好充分准备来找他提加薪。从负责项目、产生收益、加薪理由、加薪比例、未来工作绩效提升计划等，数据化呈现，有理有据，条理清晰，一目了然，谁看了都觉得这个加薪请求很合理。

而且这位下属着重强调，在未来的工作中，希望主动承担更多的任务，让我的这位高管朋友更加信任和看好这位下属。

因为在我的朋友看来，这位同事即使觉得薪酬不够也没有直接跳槽离开，而是选择鼓起勇气和他沟通，说明她愿意为公司付出，并且有一定的进取心和更大的成长空间，况且人家确实是做出了成绩的。这样的人主动提加薪，为自己争取权益，也能更好地为公司带来价值。

相反，很多人宁愿打开招聘网站更新简历，也不愿意主动沟通加薪，一方面是刻板地认为老板不喜欢员工提加薪、公司不会愿意加薪，另一方面是不会正确地表达加薪意愿。

拿我的一位同事举例，他在工作一年之后，有一次主动来我办公室向我提加薪，但是是以辞职相逼的，这就是典型的不会沟通。

面对这种情况，即使你做出成绩，我给你加薪了，我也会对你产生一些信任裂痕的。

同样是有成绩，原本都可以实现加薪的人，一对比，显然前一位工作者的加薪申请更加高级。很多人，真的就是败在不会沟通表达上。

波斯诗人萨迪曾说："因为有言语，你胜于野兽，若是语无伦次，野兽就胜于你。"

表达是人与生俱来的本能，但会表达却是需要修炼的能力。

生活上，诚实地表达自己的内心所想，能让人更直接快速地了解自己的个性和需要；职场上，有效的沟通、充分的表达，能提高工作效率，省去很多因沟通不畅造成的无用功。有条有理、逻辑清晰的表达，在合作中永远受欢迎。

不会表达的人，往往有两种，一种是自知不善言辞，有口难言；另一种是表达不合时宜，自己却浑然不知。无论是哪一种，在日常生活中都少不了吃亏。

罗振宇在《奇葩说》中也曾提到，当代社会最重要的能力是表达能力。表达能力强的人会比别人得到更多的机会和人脉。所以，他们一开口，就赢了。

在《人性的弱点》中卡耐基这样说:"一个人的成功,15%靠技术知识,85%靠口才艺术。"

生物学家曾做过这样一个有趣的实验:

把跳蚤放在桌上,一拍桌子,跳蚤立即跳起,跳起的高度均在其身高的100倍以上。然后在跳蚤头上罩一个玻璃罩,再让它跳,这一次跳蚤碰到了玻璃罩。连续多次后,跳蚤改变了起跳高度以适应环境,每次跳跃总保持在罩顶以下的高度。接下来,逐渐降低玻璃罩的高度,跳蚤都会在碰壁后主动改变自己的起跳高度。最后,玻璃罩接近桌面,跳蚤已无法再跳了,这时把玻璃罩打开,再拍桌子,跳蚤仍然不会跳,变成"爬蚤"了。

实验中的跳蚤变成"爬蚤",并非它自己丧失了跳跃的能力,而是由于一次次受挫而学"乖"了。最可悲的是,当实际的玻璃罩已经不存在时,它却连"再试一次"的勇气都没有。玻璃罩已经罩在它的潜意识里,于是行动的欲望和潜能被自己扼杀了,科学家把这种现象叫作"自我设限"。

这个实验生动而抽象地演示了这样一个道理:无论什么能力,都在于自我突破。语言表达这种能力不是与生俱来的,而是能够通过后天学习获得的。好的口才在于自己不断地审视自己,然后不断地进行突破。

这是21天逆袭人生的第7天,学会精进表达,让我们用表达去获取自己想要的。

第一，镜子练习

早上刷完牙后对着镜子里的自己加油打气："今天也会是收获满满的一天！""我已经准备好开始奋斗了！""我是最棒的！""我可以表达得很好！"……

对着镜子微笑，鼓励自己，说正向积极的话，你会发现自己越来越自信，越来越爱上表达！每一秒都能发现自己的表情和仪态的变化。记住，镜子是个人练习最好的老师。

第二，大声朗读

每天早上阅读经典好书或者是官媒新闻，因为新闻稿的语言很精练，用词准确，逻辑清晰，是质量非常高的素材。还有一些官方的公众号，都是很正派的表达。

这里给大家推荐几个公众号：人民日报评论、澎湃新闻、光明网、人物……大家可以关注，平时有时间就点开阅读。平时说高级标准的文字，自己的表达也会渐渐变得清晰正派。

第三，复述

复述的目的是锻炼我们的逻辑思维，让自己可以脱稿表达很多内容。因为无论是朗读,还是日常积累,都是我们储存内容的过程,这些内容不复述出来,就还是别人的内容,复述就是把好的表达化为己用的过程。

可以试着对着墙壁讲、对着镜子讲。如果觉得自己讲不清楚,一般不是技巧问题,而是理解得不到位,可以根据自己讲不清楚的地方,反思一下到底哪里没有理解。最后弄通了,就可以讲流畅了。

比如看完一本书,学完一门课,学习之后用自己的语言复述一遍,先完整地讲给自己听,确保自己有内容可以表达。再去讲给朋友或家人听,如果他们听得很入迷,说明你的表达能力已经很好了。

表达的本质是理解,说不清楚话,或者不能让别人听懂,本质上是自己理解得还不透彻。

第四,形成自己的素材库

准备一个本子,积累金句和素材,把平时遇到的比较好的句子、素材,全都记录下来,形成自己的素材库。多看《脱口秀大会》《奇葩说》《圆桌派》等节目,学习嘉宾们有趣又有料的谈话方式。

对于表达,很多人不太相信后天积累的力量,不相信谈话素材库会有用。这里给大家一个例子,其实很多我们大众眼中擅长的表达者，并不是天生会表达，而是有大量的素材准备。

比如在热门综艺《脱口秀大会》中，脱口秀演员们在上台之前已经有日常积累的大量素材案例，他们都有随时记录的习惯，大家熟知的李诞就是如此。

我有很多主持人朋友，私底下都很内向，也不太爱说话，但一到舞台，整个人就可以滔滔不绝，背后就是长年累月的积累和训练。

也许有一些人，天生就有一些表达的天赋，但我可以说，这个比例太小了，大部分人靠后天的训练完全可以变成一个会表达的人，要相信时间的力量，更要相信刻苦练习的力量。

第五，大量输入学习

没有输入哪里来的输出。互联网时代，可以输入的渠道太多了。

各大视频平台都有大量名人演讲视频，提升表达的书籍有《沟通的艺术》《精准表达》《演讲的力量》《乔布斯的魔力演讲》《高效演讲》等，还有电影、播客、辩论赛等，大家可以自己去搜索。

这里有一点要注意，不能看完就完了，一定要想尽一切办法去练习。

第六，文稿框架化

当我们有了足够多的素材，一定要学会将内容结构化，这样可以保证有逻辑地输入和输出。

拿我自己日常演讲举例，我有一次被举办方临时拉到台上，并没有做演讲准备，但因为我自己平常就喜欢框架化地输出，脑海里立刻出现一个内容的框架，于是便这样硬着头皮讲了，没想到效果很好，很多人都以为我是提前准备好的。

比起背逐字稿，我更喜欢提炼框架。

对一个稿子进行结构化的提炼，在脑海里形成一个树状图，主干是什么，分支是什么，树叶又是什么，脑海里过一遍，表达出来时就会特别胸有成竹。

这里给大家推荐一本书《金字塔原理》，它可以帮助你梳理表达的框架。即兴表达的基础是阅读大量文章。

21天逆袭人生 / 第7天
表达力执行清单

方法	具体内容
第一，镜子练习5分钟。	1.找到一面镜子，确定每天对着镜子练习的时间点。 2.每天对着镜子练习5分钟左右，观察训练自己的神情动作，让自己越来越自信。
第二，大声朗读10分钟。	1.朗读材料：人民日报评论、澎湃新闻、光明网、人物等。 2.大声朗读这些媒体发布的内容，记得一定要自信地大声读出来。
第三，复述5分钟。	1.材料来源：别人的演讲、观点、道理、书等。 2.尝试自己讲给自己听，再复述给朋友或家人，锻炼总结能力。

续表

方法	具体内容
第四，形成自己的素材库。	1.准备：随身携带纸笔或者手机备忘录。 2.平时遇到好的内容和观点，一定要记录下来，形成自己的素材库，时常翻阅，让自己有话可说。 3.从《脱口秀大会》《奇葩说》《圆桌派》等节目中学习嘉宾们的谈话技巧。
第五，大量输入学习（不限时间，越多越好）。	内容：名人演讲视频、高质量播客、人物访谈、辩论赛、书籍等。
第六，文稿框架化。	工具：思维导图。 方法：写任何文稿，首先用思维导图搭建框架；面对搭建好的框架尝试口头表达细枝末节，再去不断完善框架。

DAY 第8天
拥有目标感，跑赢人生马拉松

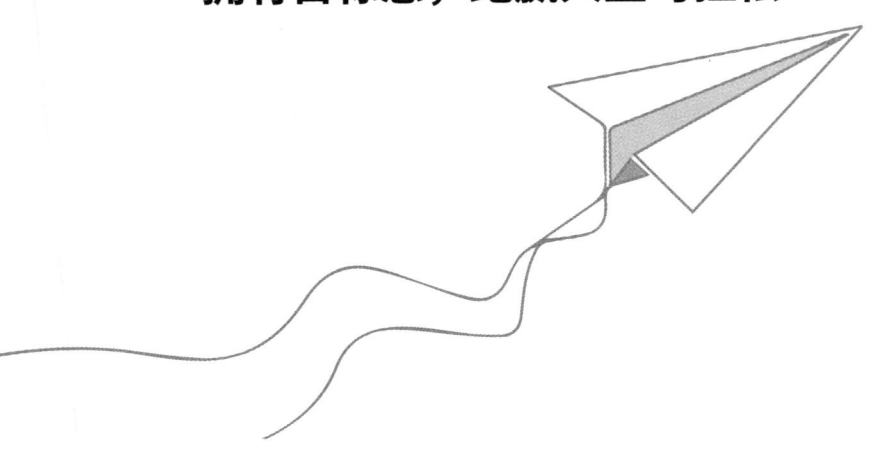

我有个朋友曾立过一个flag，说要一个月减肥25斤。想都能想得到，他失败了，他为什么会失败呢？

因为他把目标定得太高了，他总想着现在努力一个月，今年一年就不用减肥了，但他忽略了一点，即**人生是一场马拉松，不是一场百米赛跑**。拿着百米赛跑的冲刺姿态去完成人生逆袭是不可能的，你百分百会失败。

我有一些想做小红书的朋友，经常还没开始做就说，我一定要录得很好，我的设备要是最好的，我的表现力要练好，我的拍摄、剪辑都要好。而我会说：不要。我一开始就是随便录一录，为什么呢？

我如果随便录，我的预期不会太高，可如果我特别精致，准备很充分，我就会有很强的渴望，希望这条视频可以爆红，这就会导致我将一开始的目标预期定得很高。千万不要给自己那么大的压力，要循序渐进。人生是一场马拉松，不需要很努力，但要一直努力。

手机、电脑等系统更新时会出现进度条，告诉用户，**你每一刻的等待都是值得的**。但在现实生活中，我们并没有进度条，我们永远也无法知道自己的坚持是否有效，因此容易放弃。很多一开始特别努力却没有得到想要的结果的人，往往是因为停留在了半途中，没有对他们的目标进行管理。

我认为目标管理的第一步就是拆解目标，帮我们时时再现"人生进度条"，告诉我们自己正在一步步地完成自己的目标，给自己正反馈，不断刺激自己向着下一个目标前进。这种感觉是非常美妙的，当你知道自己终将完成目标时，你的一切努力都是在为日后的厚积薄发做准备。

这是21天逆袭人生的第8天，学会目标管理，跑赢人生马拉松。

山田本一是日本著名马拉松运动员，曾在1984年和1987年的国际马拉松比赛中两次夺得世界冠军。

大家都很想知道，他究竟是凭借什么获得如此成就的。每次记者问他有什么方法时，都以为会得到如何如何努力、有什么独门跑步技巧等答案。

但山田本一总是回答："**凭智慧战胜对手！**"

10年后，这个谜底被揭开了。山田本一在自传中写道：

"每次比赛之前，我都要乘车把比赛的路线仔细地看一遍，并把沿途比较醒目的标志画下来，比如第一个标志是银行；第二个标志是一棵大树；第三个标志是一座红房子……这样一直画到赛程的结束。比赛开始后，我就以百米的速度奋力地向第一个目标冲去，到达第一个目标后，我又以同样的速度向第二个目标冲去。40多公里的赛程，被我分解成几个小目标，跑起来就轻松多了。一开始我把我的目标定在终点线的旗帜上,结果我跑到十几公里的时候就疲惫不堪了,因为我被前面那段遥远的路吓倒了。"

看,这种智慧就是要拥有人生小目标。

拿我自己来说,我之前的目标一直是成为作家。最开始我不知道怎么去做,直到看到叶兆言先生在面对郭慕清采访时提到的一个观点:写作总归需要有点才华,但这不重要,**最重要的是你能不能熬到100万字。**

当时我就觉得我应该我定一个数量上的目标,100万字听起来有点太大了,但拆分下来也不是不可能完成的任务。

写作就跟跑步一样。长跑10公里难吗?那50公里呢?男子50公里竞走的世界纪录是3小时32分33秒,由来自法国的迪尼兹创造。他也是在10公里、20公里、50公里的过程中不断挑战自己,最终创下世界纪录。

我2017年实习的时候,两天只能挤出一篇2000字的稿子,后来半个多月能写出50篇。怎么练的呢?熬,使劲熬,坚持熬。那大半个月,我过得很痛苦,晚上待在公司写不出文字,回到青旅又没有灵感,恨不得扇自己几个耳光。因为我没有退路,我必须坚持写作,必须积累写作功底,所以我逼自己平均每天要产出3—4篇稿件。

在这个过程中,我发现我写稿子的速度已经是过去的几倍了,而且我的稿子质量越来越好,有过百万阅读量,甚至有很多文章被《人民日报》等官媒转载。

在完成一个又一个小目标的时候,我发现成为作家的目标早已在不知不觉中实现。

第一,确定一个你要坚持的目标

你要先明确你的目标,然后把你的目标拆解和具体化,最好能够用数字量化,形成一个一个可以实现的小目标。

研究表明,确定目标并为实现目标而努力工作,能够激活大脑中的快乐因子,使人切实地感受到快乐。而且,短期的自我改变能够有效地改变大脑,使大脑向积极的方向发展和变化。

当我们设立小目标的时候,这个目标是离我们更近,伸伸手、踮踮脚就可以够到的,实现的可能性更大,对我们的情绪是一种鼓舞。积极的情绪进而会影响我们的大脑,让我们在完成下一个目标的时候能够释放更大的能量。

第二,设置一个每天要做的最低量

在坚持的过程中,你可能会因为一些主客观因素感到困难,这时你可以放慢速度但不能停下来,因为一旦有一天你的坚持中断,你很可能就不会再重新开始。就像跑马拉松,在比赛过程中你可以因为体力不支放缓步伐，但如果你停下来休息了，就没有力气再跑下去了。

因此，当你要求自己每天坚持背20个单词却实在无法完成时，你也要让自己至少背10个单词。

🎵 第三，给你的坚持定一个期限

不要无期限地去坚持做一件事情，看不到头的日子会让你逐渐疲惫。尝试定一个合适的坚持时间，不用一两年，就三五个月，先养成坚持的习惯，再不断延长坚持的时间。当你想长时间坚持做一件事时，你可以把它分解为很多个小的阶段。

某一个阶段坚持下来后再进入下一阶段，一个阶段的完成与新阶段的开始都会为你的坚持提供动力。这个期限也是一段验证的时间，如果看不到正反馈，你可以选择放弃或者调整策略。

🎵 第四，在坚持的过程中寻找正反馈，学会自我激励

如果你想长期坚持做一件事，那你就得要么能不断从中获取正反馈，要么能用其他方式给予自己奖励。

举个例子，为什么很多人难以自律？因为人天性懒惰，你对自律的理解可能只有"痛苦的坚持"，而没有及时的正反馈和

回报。

我有个朋友，一度因为肥胖而苦恼，后来通过坚持健身，瘦下来了，还顺带练出了8块腹肌。我就非常好奇他是怎么做到如此自律的。他说："哪有什么自律啊，我每次健身完，会在朋友圈发一些自己健身的照片或视频。刚开始我只是为了做记录，发了一段时间之后，有很多人给我的朋友圈健身动态点赞、评论，甚至有一次我喜欢的女孩还给我评论'哇，好酷啊'，所以我才一直坚持下来了。"

正是因为每次健身完之后的分享能收到很多正反馈，感受到鼓励和支持，他才不断有动力坚持健身，逐步通过健身，锻炼了身体，成功减肥，还练出了腹肌，成为型男。

如果你在坚持的过程中无法直接获取正反馈，也可以用其他方式给予自己奖励。比如一个月没有中断坚持的任务，可以奖励自己吃一顿大餐，或是买一件中意很久的衣服。

老子说过："合抱之木，生于毫末；九层之台，起于累土；千里之行，始于足下。"从现在开始，去拆解目标，感受能拿到正反馈的人生吧。

21天逆袭人生 / 第8天
目标管理执行清单

目标管理方法	工具——OKR[1]管理法
设置OKR管理法的原则： 1.OKR数量需要考虑目标难度和所需精力，若需集中精力，可只设定少量的OKR；	第一步，列出大目标 首先思考一下，在学习、生活和工作上有什么想实现的目标，把它写下来。 一次设立的目标不要超过3个，因为超过了3个，大概率完不成。 3个目标最好分别关于学习、工作和生活，这样才能均衡并足够聚焦。 如果对自身精力不够自信，最好还是一个目标完成以后再继续下一个。
	第二步，拆分大目标变成小目标 定下大目标后，想想这个目标需要从哪几个方面去完成，然后围绕大目标拆分出3个小目标。 拿我的助理倩倩举例，她打算半年内完成一部中篇小说，那么"半年内写一部中篇小说"的大目标，可以从哪3个方面去完成？ 1.学习写作课程； 2.阅读输入； 3.写作输出。

---

1 Objectives and Key Results的缩写，即目标与关键成果。——编者注

续表

目标管理方法	工具——OKR管理法
2.推荐以季度作为目标管理的周期； 3.一般OKR不超过5个，每个O对应的KR应该是2—5个； 4.设置的KR至少要有2个，若只有一个就变成了KPI。	第三步，设定关键指标 给自己设定每个月的小目标，只有保证每月都通关，才能实现终极目标。 继续拿倩倩写小说举例子： 上一步倩倩将大目标拆分成了3个小目标，这一步她需要在每个小目标下继续设定关键指标，帮助她每个月跟踪进度。 在"学习写作课程"这个小目标下，她以月为单位，设定了： 1. 1月听完所购课程； 2. 2月完成笔记整理和作业； 3. 3月复听课程。 这样的阶段性成果指标，可以帮她完成小目标。 第四步，列出每日、每周待做事项清单 列出每日、每周的待做事项清单，并跟着完成情况随时调整是极为关键的一个过程。 倩倩上一步在她的3个写小说的小目标下设定了关键指标。为了实现这些月指标，她又列出了每个指标下每天需要做的事情。 如"1月听完所购课程"这个关键指标下，她以天为单位，设定了： 1.周一到周五早晨听课半小时； 2.周一到周五睡前复习早上学习的内容半小时； 3.每周末听课3小时。 这样的每日任务清单，可以确保自己完成目标。
推荐书目和工具	书籍：《OKR工作法》《OKR使用手册》。 工具：飞书（软件可自行寻找适合自己的）。

DAY 第9天
要事第一,永远做最重要的事

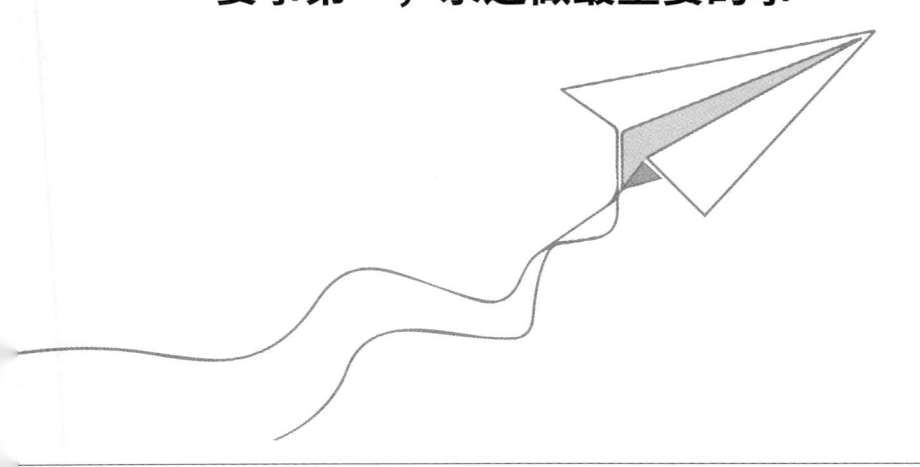

巴菲特曾给深受他信任的私人飞行员迈克提过一个忠告。

有一天，迈克问巴菲特：我怎么努力才能成为像你一样的睿智、聪明、有智慧的人呢？

巴菲特说，你先拿一张纸，写下你人生里最重要的25个目标，然后圈出最重要、最想完成的5个。迈克照做完之后，就对巴菲特说：你是让我集中大部分精力先去完成这5个目标，做完以后再去完成剩下的20个目标，对吗？

巴菲特摇摇头说不是的，我是想让你只完成这5个目标，剩下的20个，只要你今后遇见，就要像躲避瘟疫一样躲避它们。

迈克听完很诧异。

巴菲特说，人的精力有限，一生能完成的事情不足5件，能改变你命运的也就3件，所以剩下的20件都是你做不了或做不成的事情，你要把更多的精力投入到你最想完成的这5件事上。

对于巴菲特的话，我深有体会。我曾有幸和一些在《新闻联播》上才能看到的人接触过，当提及人生感悟时，无一例外，他们都说让人生有"跨越式"发展的事情只占一小部分。

这就是所谓只有20%的事情能改变你的人生命运，甚至更少。

有一个理论叫帕累托法则，指的是20%的人占有80%的财富，20%的努力换来80%的回报……对于新媒体行业，80%的粉丝是20%的内容带来的；对职场人来说，20%成功的项目决定着你的收入；对创业者来说，钱从来不是慢慢赚到的，而是一下子赚到的，20%的时间赚到人生80%的财富。

将二八法则运用到个人身上，就是"要事第一"。

史蒂芬·柯维在《高效能人士的七个习惯》中告诉我们，启用以要事为中心的思维方式，优先做最重要的事情，别被琐事所扰，可以让时间更高效。

在此基础上，你会发现你能少做很多事情。对我个人而言，假如每天有10件事情，我会"砍掉"其中不重要的8件，因为我知道这并不会影响我的人生。你真正需要的是把所有的精力投入到你认为最重要的事情上。

这是21天逆袭人生的第9天，如何做到要事第一？

找到能带来80%收益的那部分核心技能

我之所以能持续写作，是因为我的书的畅销和背后读者的支持让我获得了"名"，而"名"又转化成了利，都为我带来了正反馈。不夸张地说，我的财富大部分是来自新媒体行业，而懂新媒体只是我的一个小技能，只占我所掌握技能的20%，却给我带来了80%的收入。

我在大学时期，不断寻找什么才是属于我的核心技能，也尝试过很多，都失败了。所幸，最后我找到了并坚持了下来。

对系统分级，有选择性地做事

我们要搞清楚，哪些事情属于20%，哪些事情属于80%。

比如，在管理方面，只要抓好20%的骨干力量管理，然后再用这些人去带动其他员工，就能提高管理效率；决策时抓住关键问题进行决策，就能让其他问题迎刃而解，从而让自己的精力分配更加集中。在投资时也是这样，将有限资金投资在重点项目上，能不断优化自己的投资决策。在营销时向用户重点介绍重点商品，能让产品卖得越来越好。

分清这些的前提是我们要了解花在各项事情上的时间投入产出比。可以通过记录自己时间的方式来了解这一点。

有段时间我特别忙、特别累，但是工作也没有特别明显的成果，就开始思考我的时间花在哪儿了。通过两周的持续记录，我发现我花费时间最多的就是开会和招聘，这两件事情花费了我绝大部分时间。所以从那以后，我就开始拒绝很多无意义的会议，让我有了很多空下来的时间，放在重要的团队管理、业务梳理上。

后来我很明显感觉到，自己的工作是稳稳地处在较好的节奏上的。即使我在公司工作的时间没任何变化，但我的效率提高了非常多。因为我做了时间的记录，知道该把80%的精力放在什么地方，哪些是花20%的精力可以出成果的关键事情。

少即是多，所以，首先计划得少，其次一定要对事情进行选择，你要知道你不可能把所有事情都干好，干5件事情，将其中3件事情做好就非常棒了。不关键的事情，不做、少做或者快速做完。

多做自带杠杆的事

一定要多做能自带杠杆的事情。比如录视频、写书、四处演讲可以帮我打造影响力；比如雇团队帮我做小红书，付费请最高级的教练帮我一周学会高级滑雪道等。想获得高回报、高收益，得要学会借力，杠杆思维的核心其实就是借力。

这是我从犹太人眼中的第二部《圣经》——《塔木德》中学习到的思维方式。

犹太人有多牛？仅1000多万人，占全球人口总量不到0.3%，却获得了全球超过20%的诺贝尔奖，这个获奖概率遥遥领先其他民族。

在犹太人的历史上，出现了很多世界级的金融巨头、实业家、银行家、科学家，比如石油大王洛克菲勒、谷歌的创始人谢尔盖·布林和拉里·佩奇、科学巨人爱因斯坦、顶尖艺术家毕加索等。

犹太人的智慧总结起来就是，**拥有杠杆思维，懂得用1倍努力换10倍回报**。

杠杆思维有点像以小博大的概念，别人花同等的努力去获得同等的回报，而你却可以利用杠杆思维，以1倍努力换10倍回报。广泛地看，杠杆即一种用小的资源撬动更大价值的工具或者方法，能为你降低成本。这里的资源可以是时间、精力、资金，在合理情况下投入会带来超出其本身的价值，这种价值除了物质财富，还有机会与成就。

比如说，很多事情，与其你一个人去做，不如组建一个团队你们一起去做，这样效率和成功率也许会高很多，这其实就是一种杠杆思维，也是一种借力。

再比如说，你要学习某项技能，如果就你一个人苦苦在那里研究，可能得花费几个月的时间甚至是几年的时间，但是如果你能找到一个在这一领域很有经验的人传授你一些经验，那你可能只需要几天或个把月就能掌握这项技能。

如果你总是一个人单打独斗，不懂借力，不管你付出多大的努力，效果可能都是微乎其微的，所以，我们必须要学会运用杠杆思维，懂得借力。

杠杆可以撬动更多的发展机会。

人生就像一个搜集门票的过程，你去了一所名校，搜集到这所名校的门票，拥有了一些优质的资源和人脉；你进了腾讯工作，搜集到腾讯的门票；你就读长江商学院，也就意味着你收集了一张商学院门票；你出了一本书也是搜集了一张门票，这本书能帮你放大影响力。

人生发展的核心在于你要搜集足够多的门票，高质量、有门槛的门票越多，意味着你越厉害，你的发展空间越大，你的收入也会越高。但是，获得门票是需要付出时间、精力、金钱代价的，如何才能降低获得门票的代价？这就要用到杠杆思维，你要有一个杠杆来减少你的付出。

提高效率

李开复说过一句话：**人生的时间是有限并不可变的，所以要有效率地用每一分钟，不用好就是一种浪费。**

所有人每天的时间都是24小时，但有些人能成功地将1小时当成2小时来用，有些人则将1小时过成了半小时，这就是人与人之间的差别。

比如，你很喜欢读书，可是总感觉自己读得很慢，一本书要读一个月甚至几个月。为什么会这么慢？其实，读书也是讲究方法的。

以读书为例，很多书，尤其是那些商业类的、社科类的、观点类的书，往往其核心内容只有全书的20%不到，剩下的全是理由、证据、数据、事例……

总之都是对内容的一个延伸扩展，其要讲的内容可能早就在书的简介和封面还有最前面的部分讲清楚了，因此关键是你对书中观点论证力的思考。

针对读一本书是如此，跳出一本书，对整个人类文明而言也是如此。重要的书往往只有20%，甚至都不到，其他的书都是这些书的延伸。

比如《红楼梦》这本书，它就一定在那20%以内，但是解读《红楼梦》的书可能有成千上万，一个图书馆可能都装不下。由此，你就可以知道哪些书是重要的，哪些书是不那么重要的，尤其是一些商业类的、故事类的、励志类的书，这些书每年都会有很多种，但是真正对你有帮助的很少。

这就告诉我们，选书很关键，怎么读也很关键。

做其他事情也是一样，当然，不是一味追求速度而忽视质量，而是避免用错误的方法浪费时间。做事情要学聪明一点，找到更高效的方法。

没有指针的选择就像没有航海图的远航，没有哲学引导的行动就像没有灯在黑夜中前行。我希望"要事第一"可以成为你人生的指南针。

21天逆袭人生 / 第9天
要事第一计划执行清单

制订"要事第一"的计划表	具体内容（3个月）
第一步，明确你的角色以及重要的事情。	1.这份计划表中，明确你的主要角色。 拿我的助理倩倩举例：虽然她现在是个上班族，但这份计划表是针对"自媒体作者"身份的，所以此时她的重要角色是"自媒体作者"。 2.拆解出这个角色最重要的三件事。 最重要的三件事：学习自媒体知识，培养自媒体敏感度；找准个人定位；成功运营一个自己的账号，涨粉1万+。

续表

制订"要事第一"的计划表	具体内容（3个月）
第二步，把重要的事拆解到每天的日程中。	运用莫斯科法则： Must（必须做的）：创建小红书账号，做好定位和选题库，每周发布2个视频。 Should（应该做的）：每天找选题，记录选题内容，写脚本，收集素材，记录数据，做好运营等。 Could（可以做的）：课程学习、参加自媒体活动、看自媒体书等。 Would not（不要做的）：不要做跟重要任务无关的事，比如找选题变成刷手机、看综艺等。
第三步，依据具体的时间段拆解每日计划（我以周为单位举个例子，你自己要以日为单位）。	周一：定选题+写脚本+学习。 早上7点起床，花1小时确定本周选题； 9点上班，19点回家（这段时间是正常工作时间，作为职场人的角色也可以去做"要事第一"计划表）； 20—22点写内容脚本； 22—23点学习相关课程和书。 ………… 周二：找选题+写脚本+修改周一脚本。（周二至周六具体时间安排略。） 周三：拍摄初步脚本。 周四：学习+修改脚本+内容发布。 周五：学习+修改脚本+拍摄脚本。 周六：发布内容+数据总结复盘。 整体节奏根据自己的把握，先完成再完美，实时迭代，确保最终3个月的大目标完成，这里也可以用上OKR管理法。

DAY 第10天

向上管理，做高绩效职场人

上海疫情严重时，一位很久没联系的朋友深夜找我，说自己疫情期间被裁，现在也找不到去处。因为共事过，我知道他的工作能力肯定没问题，在职场上算是个靠谱的人。

所以我很疑惑，他为什么会被裁？

一问才知道，他们整个部门都被裁掉了。这已经属于不可抗力原因了。

我给他出主意，让他问问过去的领导们，有没有什么工作机会推荐。因为我自己这么多年来，很少自己主动去找工作机会，都是跟前领导或者其他人联系，帮我内推一些好的机会。

我的职场之路之所以一直都很顺利，有一点就是因为我在离职之后跟每一任老板都保持着联系，他们也都愿意在我遇到瓶颈或者困境的关键时刻帮我破局。

谁知他一副很吃惊的样子地回复我："这样也可以吗？之前的领导们我基本都不来往了，以前工作也没有怎么联系过。"

我才发现，他一直以来都没有做向上管理这件事。不只是我的朋友，很多人其实都忽略了向上管理。

关于"向上管理"，大部分职场人的认识存在一些误区，总觉得下属怎么能"管理"领导呢？

古典就曾在《超级个体》里讲过一个故事：某次他在香港应邀参加一个国际大公司的酒会，过了一会儿，他们的老板来了，会场中的中国人都是下意识地往后退，因为他们觉得老板是权威；很多老外，即使是年轻人，却下意识地往前凑，因为他们觉得老板是资源。

这两种对待领导的方式，也印证了在日常生活中大家对向上管理的两种态度。

有人认为，职场道路，就是跟领导斗智斗勇，领导就是那个要找你碴，不断给你设置KPI，压榨你劳动价值，掌握你职场生杀大权的人，所以千万不要"惹"到他。

而职场之路顺畅的人，往往是另一种想法：领导与我之间只是雇佣关系，我是帮助他完成KPI的人，他是我工作上的把关人，我不必喜欢、崇拜，但我一定要用好这个把关人，让他帮助我成长、帮我指出错误、为我的成功提供资源，我一定要"管理"他。

这也是德鲁克在《卓有成效的管理者》中指出的，**任何能影响自己绩效表现的人，都值得被管理；在工作中，一个优秀的员工除了做好本职工作以外，还要学会管理自己的领导。**

向上管理，其本质就是通过成就领导来成就自己。

这是21天逆袭人生的第10天，学会向上管理的人生，到底有多厉害？

接下来跟大家分享我自己向上管理的经验,教大家如何找到自己的贵人,如何让牛人愿意"带"你。

第一,积极表达,事事有回应

如果老板突然问你:"下周的活动准备得怎么样?"但这个任务本由其他同事负责,你压根不清楚,你会怎么办?

你是不是要回复:"我不知道,这不是我的工作职责。"

这是消极表达。老板关心的只有一点:活动进行到什么程度了。你回复三个字"不知道"是给老板泼冷水,肯定会引发不满甚至批评。

"这个事情我没有参与,主要由李同事负责,我稍后询问他具体进度,再向您汇报。"给出解决方案,而不是抱怨。**积极表达是向上管理的基础,能给老板积极期待就尽量不要泼冷水。**

再比如,你在做一个任务时遇到问题,影响了正常的工作进度。你是不是会和老板这样汇报:"老板,我现在遇到了××问题,不知道该怎么办。"

这样表达只会让老板一头雾水,他只是知道你出现问题,有些慌张,但根本不知道如何帮你,会大大降低沟通效率。

先说结论,再说原因,最后提供选择方案。

"老板,我现在遇到了××问题,我需要这样做。原因有以下三点，分别是第一……第二……第三……不知道这样做可以吗？如果这样不合理，我还有其他方案，比如第一……第二……您决策一下，然后我立马执行。"

让老板做选择题，而不是填空题。老板是管理层，负责决策；员工是执行层，负责提供具体方案和认真执行。所以，千万不要让老板降级，去做员工该做的事情。

第二，学会拒绝，主导自己的工作

职场大忌：不会拒绝，累死自己。

一定要记住，你要为你的工作质量负责，一旦老板派给你的工作太多了，导致你动作变慢，工作质量受损，就要及时拒绝领导的工作安排，不过要做到有理有据。

一方面，可能老板贵人多忘事，忘记你手上有那么多工作了；另一方面可以再次跟老板确认事情的优先级，以免放错工作重点。

千万不要一声不吭，埋头在那里苦干。

事情干得好不好，和你有没有管理好老板对你的预期有重要关联，要确保上司清楚可以对你有什么期望，可以交给你什么任务、定什么样的目标。你不会可以学，但不要不懂装懂，免得交给你的事情最后才说没做好。

第三，结果导向，遇事就解决

很多职场人经常抱怨自己工作又苦又累，怨天尤人，效率低下，无效加班。老板询问进度时，因为做得太少或者资源不够，不知道怎么汇报才不会挨骂。这个时候怎么办？

你不能说老板我已经很努力了，我已经做了两三天，希望能再给我一天时间，我一定完成。这样的表达很空泛，不能给老板足够的信息，老板需要的是对进度的掌控，而不是单纯想批评你。

只需要说三个点就足够了：**产出，差距，需求**。

具体可以这样说：老板，我现在完成了50%的进度，具体完成了第一……第二……第三……分别达成了××环节的指标。这是汇报产出。

然后汇报现在的进度和目标之间的差距，你可以说：距离目标完成还需要花大概一个下午或者一天的时间。

最后是提出合理需求。你这样解释：老板，但是进度比较赶，从我目前的情况来说，可能需要同事协助，这样我才有信心可以完成。

第一，老板对你现在完成的进度足够清楚，知道你在踏实做事，他可以稍微放心一些。

第二，你有具体且合理的原因，而不是单纯找借口偷懒，为保证任务完成，老板会根据合理情况分配资源。老板重视的是结果，根本不会关心你的过程如何进行。任务结果是客观的，不要把主观情绪发泄到职场工作中。

第四，掌控细节，主动汇报进度

老板交代新任务时，你有一些不太理解的地方，但又怕表达不够得体，怕挨批评。这样想是错误的，那你要怎么办呢？

记住，抓住现场机会，主动询问细节。

老板交代任务时习惯拎重点，如果你没有疑惑，一般老板会默认你已经有清晰的思路，可以保证完成。但是如果你有疑惑，一定要当场立马提问。只需讲三个方面：**步骤，时间，进度。**

第一步，拆解步骤。

和老板讲清楚你的思路大概是什么样的，你要分为哪几个步骤去完成这个事情，哪方面不太懂，同时询问这样做是否能达到预期。

第二步，明确时间。

在职场中一定要有时间观念。先和老板明确截止时间，并且时刻记住这个时间点，先完成，再完善。

第三步，汇报进度。

如果完成时间较短，比如一个下午就能完成，那就不用汇报，争取在截止日期前完成即可。如果完成时间较长，需要好几天才能完成，就一定要把握好关键节点，和老板及时汇报。

这样做能让老板有掌控感，而不是等待老板追问："你有没有开始执行，怎么安安静静的？"避免产生不必要的误会。

比如你现在接到一个项目，你首先要和老板说你怎么看待这个任务，大概分为哪几个步骤，这样做是否合理，有没有更好的建议。

然后询问具体的截止日期，如果时间紧迫，自己又担心完不成，就和老板讲出你觉得困难的原因，是能力不足，还是任务难度较大，老板会同意合理的诉求。

最后是汇报进度，比如进度过半时和老板汇报一下：老板，我现在任务做到一半，达成了××指标，距离目标还差多少。询问老板有无最新指示，然后继续执行。

第五，根据领导性格，针对性相处

我们了解领导的目的是选择合适的沟通方式和方法。古人云"伴君如伴虎"，虽然现代社会不会动不动惹上杀身之祸，但与领导相处稍有不慎就容易惹火上身。

在和领导相处时，还需要特别了解领导的个性。

比如说你的领导是一个性格耿直、为人刚正的人，那你跟他沟通的时候，就绝对不能撒谎。因为这种人他本身非常正直，如果他知道你在某件事上撒了谎，他就可能以后不再相信你了。

如果说你的领导本身是一个慢性子，这个时候，你不管遇到了多么紧急、多么急迫的事情都不能慌张，因为这跟他的气场和节奏是完全不一致的。

反过来，如果说你的领导性子很急，那么在发生了紧急的事情时，你就必须很快速地做出应对，不能慢悠悠的。

其实，人与人之间的相处也是这样，更何况领导呢。摸清领导性格，可以更好地"向上管理"。

掌握上面五大向上管理秘诀，你的职场发展就不会差。我自己从优秀员工到老板，对这个问题的解读，还是很有参考价值的。所以我给出的都是很具实操性的内容，希望可以帮到你们。

21天逆袭人生 / 第10天
向上管理执行清单

向上管理五步法	具体方式
第一步，接到任务，反复确认。	需要确认的细节如下： 这项工作的目标是什么？要达到什么目的？ 是否需要他人协同，甚至跨部门协作？ 可能会遇到的阻碍是什么？ 有哪些工作推进的方式？领导认同吗？ 以什么形式提交工作结果？ 什么时间提交工作结果？ 有无其他特别注意事项？
第二步，主动汇报，及时反馈。	只需说三个点就足够了：产出，差距，需求。 具体这样说：老板，我现在完成了50%的进度，具体完成了第一……第二……第三……分别达成了××环节的指标；距离目标实现还需要花大概一个下午或者一天的时间；从我目前的情况来说，可能需要同事协助，这样我才有信心可以完成。

续表

向上管理五步法	具体方式
第三步，管理预期，降低期望。	要确保上司清楚可以对你有什么期望，可以交给你什么目标和任务；你不会可以学，但不要不懂装懂，免得交给你的事情最后才说没做好。
第四步，寻求支持，借势资源。	1. 领导拥有你没有的阅历、人脉等资源，要懂得"用他的资源"完成任务。 2. 寻求帮助尽量说清楚你的想法，需要领导做的具体是什么（让领导看到只是举手之劳）和说明他提供的帮助的作用。

DAY 第11天
提升专注力,努力对抗人性弱点

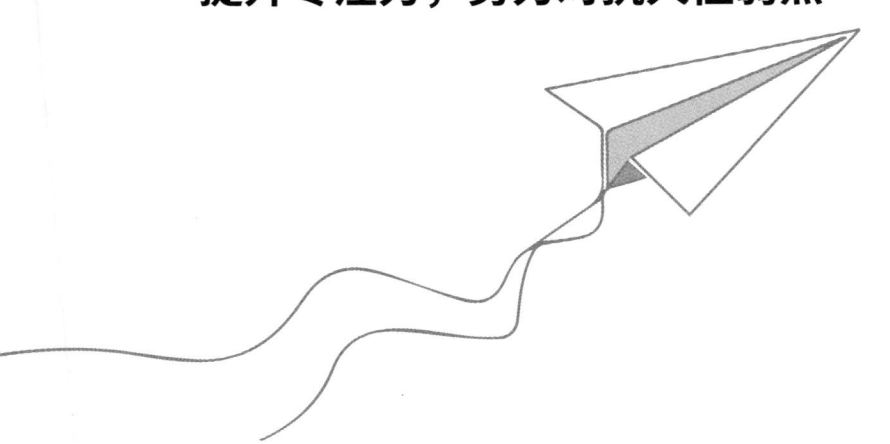

有一段时间，我工作的时候，部门的同事一会儿跑来让我确认事情，一会儿又问我某件事要如何执行。我正在做项目A的时候，忽然要处理项目B的事情；处理项目B的事情时，又有人来面试。而与此同时，我还需要盯着其他好几个项目的进度。

一天下来，我分身乏术，疲惫不堪，还感觉没什么产出。我好像做了很多事，又好像什么事都没做。那时候我感觉自己注意力特别不集中，做某个项目的时候，即使没人打断，也没办法保持专注。

直到后来，我看到一段话："**一个专注的人，往往能够把自己的时间、精力和智慧凝聚到所要干的事情上，从而不受其他事情的干扰，最大限度地发择积极性、主动性和创造性，实现自己的目标。**"

我恍然大悟，开始给项目分配时间，上午只做项目A的事情，把事情解决完了，下午再专注于项目B，这样做时间利用率非常高。

我们每个人都会遇到许多事情要及时处理，如果你能迅速处理，你会觉得自己充满信心和能量。但如果事情来了，你不知道如何取舍，只能手忙脚乱地一会儿处理这件事情，一会儿去处理那件事情，这样的话往往到最后你会一无所获，后悔不已。

以前的我认为：年轻人要有抱负，目标越多越好，规划越细致越好，而后再一个一个地去实现它们，这样就会很有成就感。

但是后来一位前辈在饭局上跟我说了一句话，他说："不要好高骛远，人这一辈子做好一件事就很厉害了。"

我忽然醒悟，回到家立马给自己做了职业规划，然后再将规划拆分。

一个人的精力是有限的，这辈子不可能完成太多的事情。人总要找到属于自己的那条路，那才是你灵魂深处真正的理想。当你反复尝试且最终选定了一个目标为之努力时，你会有一个感觉：我就该属于这里。

其实，这与前文提及的"要事第一"是同样的道理，你只需把自己的时间和精力放在最想做的那件事情上，并把它做到极致，在某段时间内只为这一个目标服务。

迈克尔·乔丹说过这样一段话：

"我认为畏惧往往来自缺乏专注。如果我站在罚篮线上，脑中却想着有1000万观众在注视着我，我可能就会手足无措。所以我努力设想自己是在一个再熟悉不过的地方，设想自己以前每次罚篮都未曾失手，这次也同样会发挥出我训练有素的技术……于是放松，投篮，出手，之后一切皆成定局。"

的确，如果你观察那些成功的人，你会发现他们都具备专注起来的品质，在某一个特定领域持续深耕，最终达到别人难以企及的高度。

我开始学着专注当下，一次只做一件事，看书就是看书，不想其他事，也不想会不会有人给我发信息，专注于眼前的文字。看电影就看电影，不聊天、不讨论剧情，这样我才能更好地控制我的注意力。

比尔·盖茨和巴菲特第一次见面的时候，盖茨的父亲让他们分享自己取得成功的最重要因素。两人都给出了同样的答案：专注。

尼采说："具有专注力的人可免于一切窘困！"在这个充满选择、诱惑和干扰的时代，没有专注力就没有学习力。

这是21天逆袭人生的第11天，我们如何提高专注力？

找到原动力

居里夫人学习非常专心，不管周围有多吵闹，都分散不了她的注意力。有一次她在看书，她的姐姐和朋友在她周围唱歌跳舞，她就像没看见一样专心致志地看书。姐姐想试探她一下，就悄悄地在她后面搭起了几张凳子，只要她一动，凳子就会倒下来。时间一分一秒地过去了，等她看完一本书的时候，凳子还是立在那里。

世界上真正能够登顶远眺的人，永远是那些一心一意做好手头事，不会为被其他事情影响的人。

结合兴趣和目标，想一想我为什么要做这件事，做这件事能给我带来什么好处。做喜欢的事是不会觉得枯燥的，会越做越喜欢。目标不能定得太高，简单最好，你会觉得很轻松就能完成。

♪ 制定一个小而具体，且容易执行的目标

简单的事重复做，你就是行家；重复的事用心做，你就是专家。

李小龙曾说："我不怕练一万招的人，就怕把一招练一万遍的人。"专业不在于多，而在于精。

在任何一组东西中，最重要的只占其中一小部分，约20%，其余80%尽管是多数，却是次要的，因此才有了著名的二八定律。

请你现在对你手边的工作进行评估，分出轻重缓急，并尽量将目标拆分。

越小的目标越容易执行，也越容易提升自己的专注力。

越具体的目标越容易实现，也越容易让自己集中注意力。

♪ 设置截止时间

罗斯福在读大一的时候，在他身上出现了一个悖论。

罗斯福的注意力看起来明明极其分散，但奇怪的是，他的7门功课竟然有5门获得了优秀。

原来，罗斯福的独门秘籍是：给自己设置一个明确的期限。

果然，deadline（最后期限）才是第一生产力。

有了明确的截止时间，它会倒逼你去努力。

隔绝诱惑

法国思想家罗曼·罗兰曾说过："一个人能真正静下来的，属于自己的，不受外界干扰的时候，是一种难得的幸福。"

在这个世界上有太多的东西无时无刻不在诱惑着我们，金钱、名誉、美食、美景……面对这些诱惑，又有谁能够真正做到心无旁骛、目不斜视，一心只朝前方走呢？

放下零食、手机、电脑等，将之放到视线范围外以免余光扫到导致分心。千万不要高估自己的自控力。

人这一生是非常漫长的，在通往生命尽头的这条道路上，我们会遇见很多风景，同时也会经历很多诱惑，有时候一个不起眼的小诱惑，都可能会对我们的人生造成巨大的改变。

远离床和沙发

不管是在宿舍还是在出租屋，一眼就能看到床，总想躺着玩会儿手机，不知不觉一天就过去了。最好去图书馆、自习室、书房等地方学习，远离让你想要放松的床和沙发。

🎵 拒绝用手机放松

学累了总想放松一下，但是拿起手机不知不觉就会被各种信息刺激，总想看到新资讯，完全停不下来，越看越累，试着放下手机去室外走走逛逛，放空一下大脑，补充一下精力。

🎵 佩戴耳塞提高抗干扰能力

我们无法专注，容易分心，是因为听到动静就忍不住好奇。人的本性中就有好奇心、求知欲，就像所有人都喜欢围观奇事一样，佩戴耳塞能隔绝外界干扰，让自己专注眼前的事。

🎵 从坚持25分钟开始

人的专注力是有限的，设定太长时间很难坚持，而且时间过长很容易疲劳，25分钟刚刚好，完成一个25分钟后再继续，累积起来就能坚持好几个小时，会充满达成计划的成就感。

改变生活状态,不要过度消耗

有研究表明,睡眠不足的人容易变"笨",智商变"低",创新能力变差,反应变慢,缺乏耐心、同理心和容忍心。

而那些灵光乍现的创意,和令人眼前一亮的想法,基本都是在睡饱之后才出现的。

所以牺牲睡眠去工作,不聪明,也不高效。

拥有健康的生活形态,早睡早起,更能拥有健康的生活节奏,提升自己的专注力。

能把事情做好的第一个要素就是专注。集中精力做你擅长的事情,持续深耕,不断精进,便能达到别人难以企及的高度。

"股神"巴菲特正是如此,他一生都在做一件事:研究股票。他从小就开始阅读和学习所有与股票投资相关的书籍,长大后更是深入研究关于投资方面的各种理论,极其专注,令他最终成为世界著名的投资大家。

他说:"每个人终其一生,只需要专注做好一件事就可以了。"

当你真正专注于某件事情上时,不为外物所侵扰,就不会被焦虑束缚。当你专注地投入进去时,你会觉得兴奋。

很多人认为敲代码很枯燥、无趣,但专注于此的人,会觉得敲击键盘的声音都是一个个动人的音符。

21天逆袭人生 / 第11天
提升专注力执行清单

如何提升专注力	具体内容
第一，制定一个小而具体，且容易执行的目标。	请你现在，对你手边的工作进行评估，分出轻重缓急，并尽量将目标拆分。 越小的目标越容易执行，也越容易提升自己的专注力；越具体的目标越容易实现，也越容易让自己集中注意力。
第二，远离信息干扰，进行深度工作。	工作学习的时候，手机静音。 取消大部分APP通知，微信调成免打扰模式。 关掉一切不必要的APP通知。 告诫家人朋友，接下来你不方便回消息，有事等会儿再说……

续表

如何提升专注力	具体内容
第三，设置截止时间。	请你在做任何事情时，都给自己设置一个截止时间。
第四，改变生活状态，不要过度消耗。	拥有健康的生活状态，早睡早起，拥有健康的生活节奏，提升自己的专注力。

DAY 第12天
不喜欢读书，就和100个人聊天

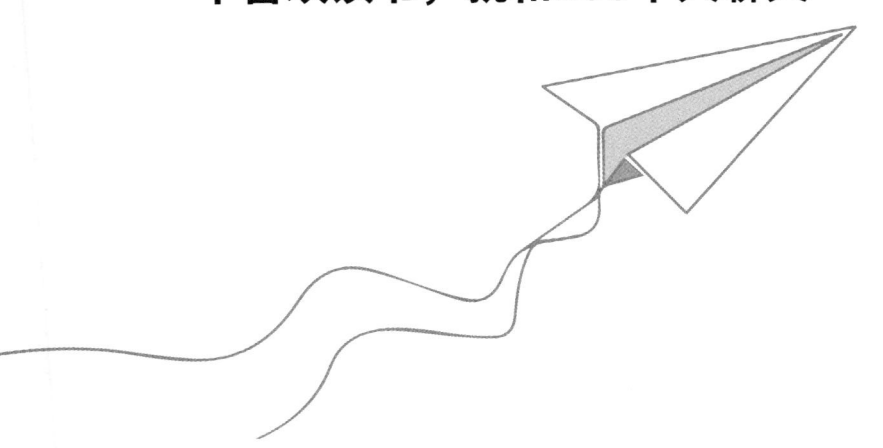

上学的时候你有没有过这样一种幻想：**不学习、不上课，考试的时候拿高分？**

这不是幻想，"投机教父"尼德霍夫就用自己的方式完美做到了。

他年轻时上了哈佛大学，想在毕业时拿到甲等成绩，但又不想认真学习，想留出时间做自己喜欢的事。那他是怎么做决策的呢？你以为他会选择冷门院系，不，他选了大热的经济系，因为他发现：哈佛经济系的研究生大多聪明，办事靠谱，平时教授总找他们打杂，而且教授为了表示感谢，往往会给他们很高的分数。

发现了这个秘密后，尼德霍夫做了一个"投机决策"：什么课都不选，专门选哈佛经济系那些最高级的研究生课程。结果如愿以偿，每门课都拿了甲等，而且几乎没去上过一节课。

这是尼德霍夫的初次"投机"，一战成名。这个案例被巴菲特不止一次地提到过，人们还给这种方式取了个名字，叫作"尼德霍夫选课法"。

很多人都愿意研究大佬们的现在，我却更喜欢关注他们在还未崭露头角时的决策，他们成功的底层逻辑一定和他们过去的一套"成功了的"选择逻辑有关。

这一点其实跟接受心理医生治疗的时候一样,如果你现在有什么问题,他们会问你,过去你做过什么选择。你的成就来源于你的选择,而你的选择来源于你的过去。

人生只有经历过,才能懂得。而经历的方式有两种,要么自己经历一遍,要么看别人走过的弯路。当我看到"尼德霍夫选课法"时,我就在想,虽然我自己没有经历过,但每个人的背后都是一座"实践出真知"的宝藏,值得深挖。

朋友A是业内小有名气的KOL(关键意见领袖),年纪轻轻就取得了比较高的成就。我非常喜欢跟他在一起交流,他看问题总是一针见血。但我发现他好像不怎么看书,我就比较好奇他是怎么做到这么有内涵的,一问才知道,就是多跟别人交流。

这跟我的想法不谋而合。

因为每一次与不同领域的人对话,我都仿佛在跟一个手握武功秘籍的人过招,在一次次提问和你来我往的回答中,我逐渐明白如何将创造出爆款文案的秘籍延伸到短视频领域,在小红书上怎么"从0到1"地做内容。

更重要的是,他们中的很多人都是行业内的精英,他们已经筛选出了很多经典的书籍,通过寥寥数语,他们就将最精华的、值得分享的东西带给了我。

比如,汇报工作要用到金字塔原理,结论先行;做时间管理是没用的,要做精力管理,给自己留思考的时间;要学会发展副业和理财，不要把鸡蛋放在一个篮子里。

这种感觉太棒了，就好比大家一起在森林中生活，有人帮你把猎物带到你身边，去除没用的、有毒的部分，将最精华的部分烹饪成佳肴，送到你的嘴边。

而你自己也在不断地输入和输出后，吸收有用的部分，完善、迭代自己的思维体系，将原本停留在文字上的总结，通过表达，最终落实到行动上。

在我看来，一年与行业内的100个精英谈一次话，胜过一年看100本书。比起看书，与别人谈话更能让我进步。不喜欢读书，选择去和100个人聊天在某种程度上就是"尼德霍夫选课法"。

虽然深度交流是获取资源和信息的重要来源，但从通常情况来看，很多人在人际交往中都会遇到一个常见的苦恼：**和他人聊天只能停留在日常寒暄的层面上，难以深入下去。**

接下来这个部分，可以让你在21天内掌握7个与他人进行深度沟通的技巧。

第一，找准时机

当你的交流对象处于积极且精力充沛的状态时，他们就更容易以一个好的姿态与你交流，也更容易对你们之间的交流做出回应。

拿乔布斯的例子来说：当时苹果公司还是个名不见经传的公司，百事可乐是全球性的跨国企业，乔布斯想招募百事可乐的副总裁约翰·斯卡利。

如果在中国的话，相当于现在未上市公司的总经理去招募中石油的副总裁，完全是不可思议的事情。

乔布斯见过约翰·斯卡利后随便聊了一下，就说了句举世皆惊的话："你想卖一辈子糖水，还是想改变世界？"就像被拨动的琴弦一样，约翰·斯卡利被乔布斯的话撩拨了。乔布斯短短的一句话放射出的能量，完完全全把约翰·斯卡利震慑住了，最后他被乔布斯说服了，答应加入苹果公司。

百事可乐=糖水？苹果公司=改变世界？

好像有那么点道理，但从现实的角度来看，这两件事都不是事实。事实只有一个：乔布斯成功了。

反之，如果你的交流对象正处于人生低谷，或者正遭受挫折，而你只是想找他闲聊，那对方不仅不能够集中精力回答你的问题，还有可能对你们之间的交流产生抵触情绪，甚至主动终止交流。

第二，保持专注

渴望得到尊重是我们每个人内心都追求的东西。在日常的人际交往中，无论对方的身份高低，我们都应当给予应有的尊重。

这就要求我们在与对方沟通时避免三心二意，边交谈边看手机，或四处张望，这会让你的交流对象感到不适，没有被尊重。

当你在谈话中保持专注时，会让对方觉得自己很重要，让他们有足够的信心分享更多想法。

第三，积极倾听

人有两只耳朵却只有一张嘴巴，这意味着人应该多听少讲，少说多做。说得过多了，说的就会成为做的障碍。

电影《美丽心灵的永恒阳光》里有这样一句台词："说个不停不一定是交流。"令人愉悦的交谈，往往不在于你说得有多好，说得有多对，而在于你是否在言辞之间给予他人理解和尊重。

我们身边可能都会有这样一种人，他们无论在工作还是在生活中与人交谈时，开了口就喋喋不休，别人想说话根本插不进去嘴，如果别人不给他们说话的机会，他们就会显得烦躁不已。我相信这一类人在生活中是不太受欢迎的。

这一类人所犯的错误就是，不会倾听。在哪里说得愈少，在哪里听到的就愈多。世上不缺乏能说会道的嘴巴，但缺乏善于倾听的耳朵。只有很好地听取别人的，才能更好地说出自己的。

沟通是双向的交流，我们不应该一味地向对方脑中灌输我们的思想，而不去聆听别人的想法。

🎵 第四，有同理心

深度交流的确能带来无穷的益处，但有时也会伴随负面效果。

俄罗斯的两大文学巨匠——列夫·托尔斯泰和屠格涅夫应邀来到作家朋友费特的庄园做客。这件本来应该是十分愉快的事，不料却引发了一场激烈的争辩，使得两位伟大作家的关系出现了裂痕，并很久不能弥合。

二人在对屠格涅夫女儿的教育问题发表看法时产生了分歧，最后愈演愈烈，不欢而散……

在朋友们的劝说下，事态终于得以平息，没有酿成世界文坛的憾事，但此次激烈严重的冲突仍极大地刺激了双方的自尊心，导致双方关系破裂。这道裂痕整整延续了17个年头，才终于得到修复。

在交流时，如果对方聊到一段悲伤的经历，而你也有类似的经历，或者你也向对方分享了一段让你感到悲伤的经历，对方便会相信你理解对方并感同身受，这会让对方觉得自己并不孤单，从而愿意向你分享更多关于自己的故事。

第五，善用回忆

如果你能在交流中提起对方此前跟你说过的事情，询问事情的发展情况，或者你能提起此前对方跟你说过的某个人，询问这个人的近况，这会让你的交流对象感觉自己说过的话被重视，并且都被记在心里了，这有助于建立你们之间的信任。

第六，展示脆弱

我们在与人交流中往往习惯于把自己包装得更加体面，比如拥有好的房子、好的车、好的工作、好的朋友……但即便我们伪装得很好，这也只会增加我们与对方的隔阂感。

适当地展示脆弱并不要求我们完全揭自己的底，而是让我们卸下部分伪装，真诚地与他人交流自己生活中的烦恼，这会让对方觉得我们更加真实和真诚，增加亲密度。并且，对方了解你没有恶意时，通常会放松警惕并给出更积极的回应。

第七，学会提问

我们经常在网上看到有女生发自己钢铁直男式男朋友的问候，或是某个追求者一日三餐式的问候：吃了吗？干吗了？好玩吗？这些问题往往可以通过简单的几个字就回答完毕。

所以，我们需要注意，如果我们想了解对方更多信息，就要学会问开放式问题，这意味着对方必须给出复杂的回答，而不是简单的"是"或"否"。因此，这会让对方展示出自己的真实想法、感受和需求。开放式问题也可以确保你进一步了解对方。

和100个人聊天是我很早就在实践的一种成长方法，后来我对这个方法补充了一些东西。而且对普通人来说，要找到各个领域厉害的100个人本身就不是一件容易的事。

不妨从现在开始，制订一个计划，跟100个人交流，见100个陌生人等，前期不用局限人群，但一定要用上面几个方法，做到深度沟通。

我敢保证，你会在交流的时候收获惊喜。举个例子，有一次我跟一个出租车司机聊天，那天我因为出差特别累，司机好像看出来些什么，就问我："兄弟你现在烦什么呢？眉头紧锁。"我说："我烦的事情，你也解决不了。"没想到大哥说："你说说看，什么事都能聊一聊。"然后我跟他说了一下，结果没想到他竟把我的问题给解决了。

杨绛说过一句话：我之前以为不读书是不足以聊人生的，后来发现不了解人生是读不懂书的。

我觉得大家一定要去跟更多的人聊天，因为他们的智慧是经过提炼的，能给你听得懂、学得会的东西，很多人都是从苦难生活里熬过来的，他们给出的建议接地气且蕴含生活的智慧，所以你更容易吸收。

　　作为一个作家，我真诚地建议，如果你看不进去书，就去找别人聊天吧，说不定你们的聊天内容，可以带给你很多惊喜和意外的启发。

21天逆袭人生 / 第12天
深度交流执行清单

怎么进行深度沟通?	具体内容
第一,找准时机。	当你准备深度谈话时,一定要关注谈话对象的状态,确保双方状态都很好。
第二,保持专注。	谈话过程中尽可能保持专注,全身心投入这段对话中。
第三,积极倾听。	多给予回应,多问,多听,少聊自己。
第四,有同理心。	对对方的故事表达理解,多点头,用"我理解……""我也是……"这样的句式。
第五,善用回忆。	谈话中,有意识地提对方说过的话、有过的经历,建立你们之间的信任。
第六,展示脆弱。	谈话中试着袒露自己真实的烦恼、难过,学会展示自己的脆弱。
第七,学会提问。	深度谈话中,多准备开放式问题,可以让对方展示真实想法、感受等。

DAY 第13天
拒绝内耗，你的人生不该如此

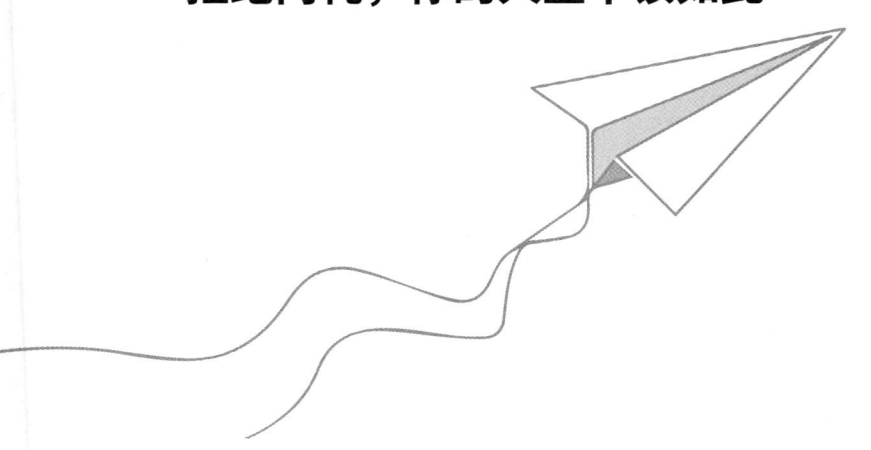

网上经常有人问:"一个人活得很累的根源是什么?"

有一个回答被很多人点赞:"不是能力问题,不是外貌问题,而是没能处理好与自己的关系。"

确实,很多时候,人之所以感到痛苦,不在于事情本身,而在于我们内心的冲突。对一件事过于敏感,任何一点风吹草动,都会激起你情绪上的波动。

久而久之,你不仅对自己越来越不自信,甚至对生活也产生了虚无的感受。

有时,上班一天感觉时间过得很慢,自己很累,下班后回想起来却发现自己啥都没干。

上班的时候,一会儿忙A事情,突然又被B事情吸引注意力,紧接着同事找你帮忙处理C事情。我们的精力本身是有限的,这样不断在未完成的事情里来回消耗,对精力的影响特别大。

一段时间想减肥,一段时间想考证,结果三个月甚至半年下来,减肥没成功,考证也没成功。

特别在意别人的看法,因为别人的一句话或者一个动作就胡思乱想、猜疑半天。

过度追求完美,不断自我否定,觉得比起别人自己啥都不行，什么都做不好。

不知道自己想要什么，也不知道自己该往哪个方向走，感觉什么都值得做，却又不想开始。

每逢假期就踌躇满志地制订满满的计划，觉得自己要开始人生改变了，最后却刷了一整天手机，把时间献给抖音短视频。

其实，这些都代表着一种严重的内耗型人格。**内耗的过程，就像是用一把勺子慢慢将自己掏空。**

内耗很恐怖，它影响的面太广了，会阻碍我们完成很多事情，如果你有内耗的迹象，强烈建议你看完这一章。我希望你可以过一过不内耗的生活，这样你会发现一切都很简单，生活很美好，自己也很美好。

这是21天逆袭人生的第13天，拒绝内耗，你的人生不该如此。

第一，积极主动，放大"影响圈"，缩小"关注圈"

《高效能人士的七个习惯》中讲到一个观点：**积极主动的人会放大"影响圈"，缩小"关注圈"**。

我们的生活可以分为两个圈。"关注圈"就是你经常漫无目的刷到的八卦新闻、微信朋友圈、抖音短视频等，对此你是被动选择。"影响圈"就是你能通过自己的能力改变的事情，比如下

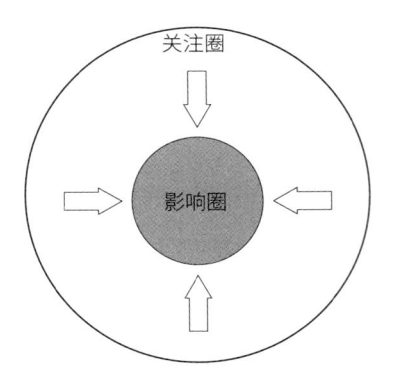

(a) 消极被动者的焦点 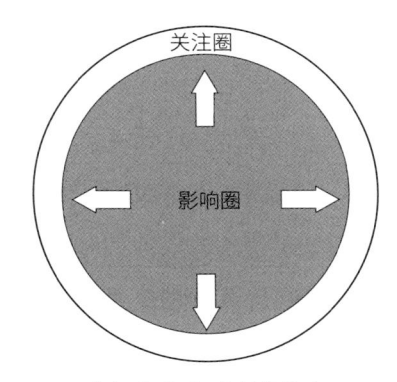　　　(b) 积极主动者的焦点

班后学习一项技能、睡前看书、早起，对此你是主动选择，主动看见，做这些事可以提升自己的能力和影响力。

你不必努力地去迎合别人，也不必努力地去讨好别人，别人要是喜欢说什么，那就让他们说去吧，不要在意别人的眼光，你的眼里只有前方。

努力地朝前看，用力地向前奔跑，向着心中所向往的地方靠近，无须去理会身边人的闲言碎语，也无须在意身边人复杂的眼光。

这或绚丽多姿，或精彩非凡，或阴暗沉沦，或庸庸碌碌的人生，不论是以怎样的姿态出现在你的生活里，它都是属于你自己的人生，也是由你掌控的人生。

若是你不喜欢当下的生活，你大可以去改变，大可以去创造你理想中的世界，而其他的人，是没有资格也无权去影响和改造你的人生的。

比如现在老板交给你一个非常重要且有挑战性的项目,放大"关注圈"的人会不断内耗,眼里看到的只有消极结果。一直在想"如果我做错了事情会不会挨骂,这个任务好难,我现在毫无头绪";而相反,放大"影响圈"的人眼里全是崭新的机会和挑战。

他们会想"我可以的,这又是一个挑战自己的机会",然后评估自己的能力能否解决,需不需要找同事求助还是向老板申请资源,开始清晰规划步骤。

归根到底,你就是想得太多,做得却太少,一直拖延,把太多注意力放在"关注圈"。所有的"如果"都是自己设想出来的借口。一直在意自己不能改变的过去,浪费时间又浪费精力。

所以,我们要多说"我可以",关注"影响圈",看到我们的机会和能力,改变我们能改变的,先行动起来,先完成再完善,为自己赋能。与此同时,你对这个世界的影响力也会扩大。

第二,分清自己与他人的界限,降低对别人的期待

有个自媒体博主讲过自己的一段经历。

大学毕业后,他入职了一家公司,领导找了一位老员工带他熟悉公司业务。但是,那位同事每次和他说话嗓门都特别大。

有时候听上去,简直就是像在吵架。

为此,他郁闷了很久,觉得是不是自己哪里做得不够好,得

罪了对方。后来他才发现，原来那位同事耳背，常常听不清别人说话。所以他在讲话时，音量也会不由自主地变大。

很多时候我们内耗，其实是因为处理不好人际关系。内耗的人常常把别人的一举一动都和自己联系起来。

《被讨厌的勇气》中有一个很著名的观点：**课题分离**。什么是课题分离呢？

比如你今天穿新衣服去上班，在路上感觉周围的路人都在看着你，你就会开始内耗：我是不是穿得太过标新立异了？是不是这身穿搭和我不太符合？别人会怎么评价我？

其实，别人要不要看我们两眼，怎么评价我们，是他们的课题，是他们的选择。我们无法控制，也控制不了他人的课题。

但我们可以改变自己的想法，不一定需要别人的赞美，我们完全可以自己认可自己，肯定自己，这是专属于我们自己的课题。我们有自己的选择。

比如你在和你对象微信聊天，中途对方没回你。这个时候你又开始胡思乱想：是不是我做错了什么事情？为什么要冷落我不和我聊天？但那时对方可能是在开会而已。

对方发消息，其实是对方的课题，和我们好与不好压根没关系。我们也有不发消息的权利。所以他人的课题与我们的情绪无关，我们不需要为他人的课题买单。

别人可以选择不喜欢我们，同时我们也有不喜欢他们的权利。况且我们不是人民币，做不到人见人爱，自己的时间那么贵，为什么要把注意力放在那些不重要的人身上？

记住，我们没必要讨好任何人。前面我们一直都在讲怎么对待外界，其实最核心的，应该是正视自己，体察自己。

第三，正确认识自己，放下外界的成见

叔本华说："人性一个最特别的弱点就是，在意别人如何看待自己。"

很多人有自卑的心理就是认为自己是这世间最差的人，最无能的人。长此以往，心理压力逐渐增大，从而慢慢形成自卑的心理。

当我们自卑的时候，要学会从多角度看问题，多发现自己的长处，当然不能无视自己的短处。遇到失败的时候要理性对待自己的挫折。成功的时候要奖励自己，失败的时候则再接再厉。长此以往，你就会锻炼出强大的内心。

不能因一次失败，就认为自己能力不行。毕竟造成这次失败的原因很可能是多方面的，不一定是能力不足。

让自身的居住环境变得积极起来，如房间内粘贴励志的书画，屋子周围养些让人心情愉悦的花草。心理学研究表明，环境对一个人的心理起着潜移默化的影响，积极的环境能让人拥有积极的心态。

当别人对你说"你是最棒的""你一定可以成功的"时，你是不是反而觉得心有余而力不足，压力太大？别人对我们的期待和鼓励是真诚的，你却很怕因为收到太多关注，怕自己太差满足不了他人的期待。这一切都是因为，你没有正确的自我体察，没有真正认识自己的定位。

在小红书有很多年薪百万又长得好看的帅哥美女。对此，你想到自己每天加班加点工资却不到5位数，不会穿搭也不懂化妆，然后就开始焦虑，内耗，觉得自己很差。

苏格拉底说过："认识你自己。"我们要认识自己，知道自己哪里好，哪里还有上升空间。我们要在自己的生活环境里扎根，不因外界随便吹一阵风就摇摆不定。因为没有正确的自我认知会让你过多陷入消极情绪，甚至开始自我攻击，继而产生内耗，怀疑自己哪里不行，陷入恶性循环。

你不一定要多么完美，况且你也没有自己想象中的那么差。我们不必按照别人的期待去走，认清自己的目标和方向，踏踏实实，一步一步地走，其实就甩开99%的同龄人了。

间歇性踌躇满志，持续性混吃等死。我知道这不是你想要的人生。我们内耗，我们感到敏感和自我怀疑，其实都是自己选择的结果。只要你开始选择改变，整个世界都会为你让路。

21天逆袭人生 / 第13天
反内耗执行清单

反内耗三步法	具体内容
第一步，正视自己内耗的现状。	准备一张纸，一个笔，写下你自己的恐惧。 你可以问自己："我到底在害怕什么？"意识到负面情绪的存在，并试着接受它。
第二步，和负面情绪拉开距离。	比如，我们有了一个负面情绪：我是一个失败的人。 这时，不要焦虑，很正常地让这个想法在我们大脑中停留几秒，然后看它会对我们造成什么影响。 接着尝试在它前面加上一个限定语：我有一个想法，我是一个失败的人。 你会感受到，这只是一个想法而已，并不是现实。

续表

反内耗三步法	具体内容
第三步，提高行动力。	通过第一步正视训练，第二步与负面情绪拉开，第三步我们就可以更多地聚焦在行动上。 马上行动是降低内耗的有效方法，用以下两个步骤就能简单实现： 1.开始行动，越简单越好：开始做事可以控制在2分钟以内，简单起来就不容易恐惧，慢慢超额完成就会产生满足感，强化记忆。 2.学会犒劳自己：比如看书，看完一本，就奖励自己一份礼物，以此激励自己。

DAY 第14天
作品意识，让你的价值可视化

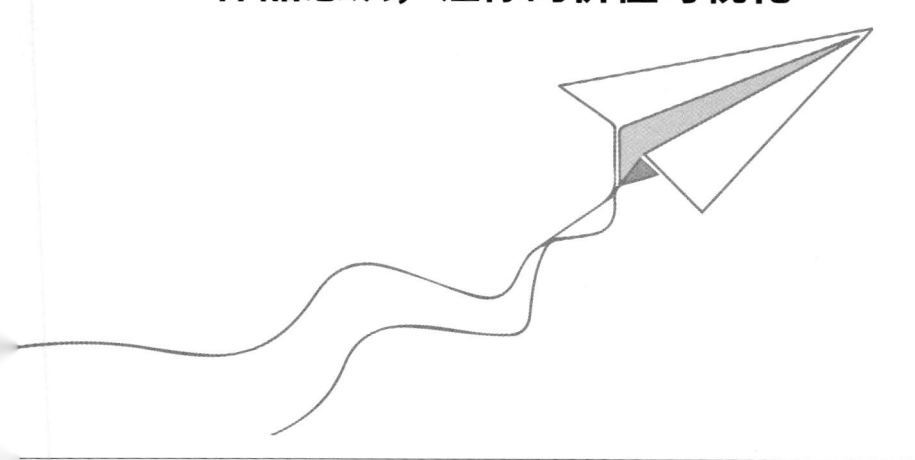

我多年前看过一个搞笑视频，有一幕是这样的：

有位年纪轻轻的小伙子，热爱读书，关心国家大事，很有自己的想法，能对各种社会现象发表自己犀利的看法，朋友们也觉得他是个很厉害的人。但就在他看不起这个人、看不起那个人的时候，他发现他看不起的人工作生活都很顺利，而自己还在为下个月的房租发愁。

看完这个故事我感触很深，我身边也不乏这样的年轻人，眼高手低，好高骛远，大道理知道一堆，却很少能脚踏实地地去做一些实事，想法很好，却不务实，无法真正做出属于自己的作品来。

为什么呢？

除了眼高手低外，一个很重要的原因在于缺乏"**作品意识**"。

我很久之前在《奇葩说》里看到薛兆丰说了一句话，我特别认同，他说："每一个人，每一个时候，都是在为自己的简历打工。"这话一点不假。

你的简历越出彩，你面试、加薪、晋升的成功率越高，议价能力也就越强。

在节目里,薛兆丰强调我们要有老板思维,要为自己打工,但很多人可能会忽略一点,就是我们还要有职场作品意识。

可能有人会问:作品不是画家、作家、导演等艺术家们的玩意吗,和我们职场人士有何相干?

若你真这么想,那就是大错特错了。

作品意识指的是我们要有意识地运用掌握的技能和知识等,产出高质量的内容,以此来证明我们努力的成果,相当于一份"可视化的成绩单"。

尤其是现代社会,一切都数字化了,你的大部分数据都可以被查询、被验证。这时候,你没有作品,所有的标签,所有的"自夸",说出来都会不堪一击。

面试时,你说你厉害,可以胜任这份工作,有什么作品可以证明吗?

你说你写作很厉害,有发表过什么作品吗?

你说你运营账号很厉害,有什么优质账号可以拿出来看一看吗?

现代社会的公平在于,任何事情你都有机会用作品说话,但如果你没有自己的作品,那么你的工作充其量只是某种经历,根本没有说服力。

当然,很多时候,我们并不是没有能力,而是不会对外总结输出自己的思考,将自己的成绩可视化呈现。

拿我自己举例，我20多岁就实现了年薪百万，并不是我特别厉害，生活中有很多人比我厉害，但他们没拿到我这样的成绩。因为除了能力外，我一直在打磨我的作品，将我的成绩可视化。我写了无数全网爆红的文章，出版了十几本畅销书，操盘过有几百万粉丝的账号，不断参加各类演讲，曝光自己，扩大自己的社交圈、影响圈。

现在很多厉害的人会主动付费找我咨询，我的很多工作机会也都是靠着这些影响力获得的。

所以，人一定要有自己的作品，如果没有，从现在开始就要有这个意识。

这是21天逆袭人生的第14天，拥有作品意识，让自己的价值可视化。

第一，创造属于自己的代表作

马克思说过："人的一切行为，都是为了利益的获取。"核心价值和社交关系就像皮和毛之间的关系，皮之不存，毛将焉附？挖掘自己的核心价值，最好的方式就是创造属于自己的代表作。

你的代表作有多醒目，你的社交筹码就会有多大。如果你做过的案例或事件到了尽人皆知的程度，你的社交筹码就是非常强大的,随便出现在一个场合,都会有很多人慕名来找你合作,你自己就是一张行走的名片。你会有大量的机会,同时你再也不用为了社交而绞尽脑汁了。

纵观古今,那些流传千古、闻名于世的人,都有属于自己的代表作。

谈到李白,人人皆吟《静夜思》。

谈到莫言,人们记住的是他的代表作《丰乳肥臀》。

谈到贝多芬,人们想到的是《命运交响曲》所呈现的音乐风格。

谈到张国荣,想到的是"哥哥"和他的代表作《霸王别姬》。

…………

每一个有实力的名人背后都有有分量的代表作支撑。在当今这个鼓励创造的时代,你也可以打造自己的"代表作"。

就像近几年知识付费特别流行,很多知识博主成功打造了自己的品牌。谈到罗振宇,我们会想到逻辑思维。谈到秋叶大叔,我们会想到PPT教学。谈到樊登,我们会想到樊登讲书,要知道樊登读书会的估值已达到几十亿的体量,而樊登本人在两年时间内就身价过亿了。

这些人通过输出观点或者提供服务成功打造了个人品牌,所以他们可以具备更多的社交筹码。

美国著名作家哈伯德曾说过:"要结识朋友,自己得先是个朋友。"你对别人有价值，才能获得别人反馈的价值。想要建立高端社交，请先创造你的代表作。

我最初写过很多千万级阅读量的公众号爆款文章，所以我的价值就是我的文章，同时我的文章也是我的代表作。后来，我的作品成为一本本畅销书，变成一个个商业咨询案例……网上到处都是我的内容，这些都是我的作品，到哪里都可以成为我能力的证明。

第二，标签清晰，传递社会价值

如果你暂时没有成熟的作品对外展现，你就得拥有一项特别的技能，能帮人解决问题。这样，别人在向其他人介绍你时，也会不约而同地提到你的某些特点和标签。

你不是简单的个体，而是解决某个领域某种问题的代名词。你可以思考你是否有自己的品牌，也就是异于其他人的长处，让自己具备独特的职场价值。

你PPT做得很好，擅长汇报和演讲。

你文案写得不错，适合梳理工作。

你喜欢组织活动，可以在组织团建上多出点力。

你做计划很有条理且能落地，可以站在更高的角度帮助领导。

你代码写得好，而且还很心细，可以测试设备性能。

就像我，我一开始也是什么都没有，是在实践中有了自己的方法论后，才写出了很多的爆款文章。在不同的平台讲课，和更多的人进行互动，对自己的内容不断迭代。在内容禁得起考验后，我把所有的知识整理成书出版。除了写书，我还做了短视频，做企业品牌，可以说我会每一种营销的玩法。

我给自己贴了一个标签：**吕白＝爆款**。让人看到爆款，便想到吕白。有了这个标签后，很多互联网公司的高管或多或少都听说过我，我也因此接到了一些大公司的咨询邀约。正是因为我有自己的代表作，才有更多的大佬认识我并愿意和我有更加深入的交流。

我在社交场合中跟他们有共同语言。大佬会主动询问跟我有关的话题，我们大多数时间都在聊怎么搭建一个品牌，怎么做出爆款内容。因此，我不会遇到大佬们都在饭桌上聊金融，而我对理财知识一窍不通的尴尬场面。

这里的代表作不一定是一本书，我只不过是将我的经验总结成了书，更加直观。作为普通人，你的代表作完全可以是你擅长的、可以帮助别人解决问题的某项技能。

比如，你在帮助大家提高行动力上有深刻的见解，就可以复盘关于行动的各个环节，如时间管理，提升效率、专注力和注意力等。

总结一套你实践出来的方法论，提供一个切实有效的解决方案。这个能帮助别人提升行动力的解决方案，就是你的"代表作"。

所以在社交关系中，代表作的形式不限于书籍、乐曲、文章，只要你能让大佬快速意识到你的价值即可。

第三，外化显现，内化修炼

在这个时代，你要有作品证明自己，但具备真正的作品意识除了"向外绽放"，有清晰可视的"作品形式"，还要不断打磨自己，修炼内功，提升自己。这个时代不会辜负每一个用心努力的人。

永远要想怎么做得比同行快10倍。

在这里，给大家提供两个策略。

第一，学会求助。如果你刚刚接触业务，什么都不知道，那么想尽快进步，最好去找公司里的高手。如果没有，就去找行业里的专家。

第二，不断试错。敢于试错，发现一个你觉得可以用的方法后请立刻用起来。很多时候，你不需要知道那么多道理，只需要一个行动。

当你真正用这个思考方式去解决工作中的问题时，一切阻碍都会变成挑战，激发出你无穷的创造力。

你如果真的想取得一些成绩，完成一些厉害的事情，一定要记住一句话——比同行快。因为你只有敢于将自己的想法付诸实践，不断试错，不断改进，你才有可能快，你才有可能在这个领域拥有拿得出手的成绩和作品。

第四，持续思考事物的本质

为什么呢？

我见了很多行业最厉害的人，我问他们某个行业怎么做的时候，他们不会说10个点、100个点，甚至1000个点，他们只说3个点。当年在做新媒体的时候，别人问我说怎么做新媒体，我说有100个点，后来我逐渐精进、逐渐明白的时候，就发现100个点可以合并为30个点。

因为有很多点是重复的，它们可以被归类整合。后来到我更会琢磨，更专业，全网有了1亿粉丝时，我发现要做好新媒体有3点就够了。你会发现你越牛，这个世界越简单，你在这个领域越被认可。这个世界就是一个再简单不过的游戏。

有一句话叫"真传一句话，假传万卷书，大道至简"，是什么意思呢？就是如果是真理，一句话就能说清楚了；如果是歪理，就要用1万本书来说。

人与人之间的最大差别不是其他东西，是思维，是你掌握的底层逻辑。底层逻辑，是指从事物的底层、本质出发，寻找解决问题的思维方法。底层逻辑越坚固，解决问题的能力也就越强。

21天逆袭人生 / 第14天
提升作品意识执行清单

从现在开始拥有作品意识	具体内容
第一步，定期更新自己的作品集。	建立一个文件夹，命名为"作品集"，以3个月为时间单位，更新这个文件夹。
第二步，以终为始，倒逼自己积累作品。	设定一个目标，然拆解这个目标需要的能力，再对应这些能力去积累作品，不要多，要的是精品。 比如你下一个职场目标是成为公司的内容负责人，你就去找对应的内容负责人交流。了解担任内容负责人的任职条件：有输出爆款内容的经验，写过20多篇10万+的文章、带过不少于3人的内容团队、独立负责过百万粉丝级别的大号、从事内容工作不少于3年…… 这就要求你既要有直接作品——写出的爆款内容；又要有间接作品——带过团队的经验。等你的"作品集"中有了这些作品，你也就有了升职或跳槽的资本了。

续表

从现在开始拥有作品意识	具体内容
第三步，充分利用社交平台传播你的作品。	作品意识加上赛道意识，才能将个人影响力发挥到最大。 例如：文字，你可以通过各大平台进行宣传，成为各大平台的作者等；如果你会摄影，你可以注册成为知名网站的作者，分享你的照片；如果你会画画，你甚至可以和其他品牌合作，合作设计一款产品。

DAY 第15天

记忆力飞升,必备费曼学习法

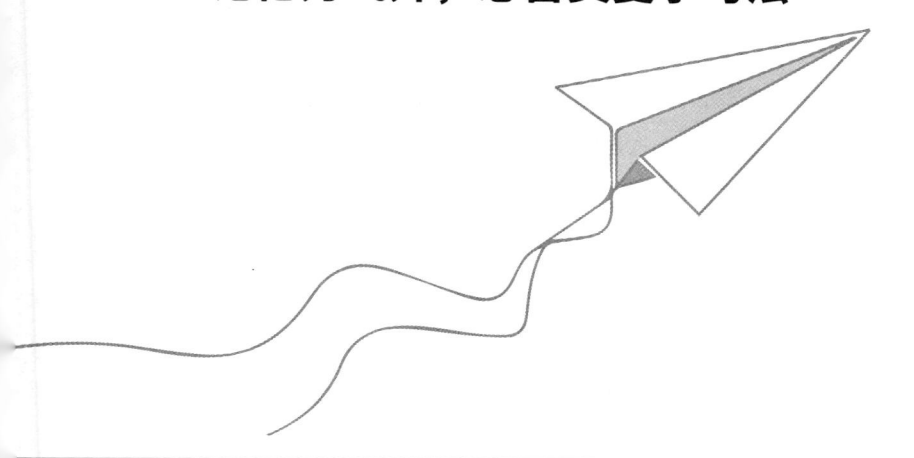

说起记忆力，想必很多人有一大堆意见要发表：

"学生时代死活记不住东西，每次考试都熬夜背了啊！"

"有的人脑子比较灵活，记东西特别快，换我就不行！"

"有的事情想忘却忘不掉，有的事情想记却记不住！"

…………

记忆在我们的生活中可以说是无处不在，记忆力不好的人也因此饱受挫折。

但其实，在记忆力层面，没有天才和普通人的区别。

有心理学方面的研究报告指出，**每个健康人的大脑和科学家的大脑之间并没有什么差别，其中的差异主要来源于每个人的使用方法，而这种差异可以通过一些方法消除。**

这一点我太认同了。虽然记忆力没有好坏，但记忆方法真有好坏。好的记忆方法有利于提高学习效率和工作效率，同时也会为你的生活带来意想不到的收获。

一直以来，我都不是什么学霸，也不是那种会认真背书学习的人，但很多同学都很佩服我"临时抱佛脚"的能力。我就是那种平时99%的时间都在玩，考前几天突击也能取得不错成绩的人。

我在学生时代就用了一种快速记忆的方法，别人要复习好几遍才能记住的，我只要复习一遍基本就能记住，无形中我比别人节省了不少时间。

这是21天逆袭人生的第15天，我们来学习如何用3招让你的记忆力变好！

这个方法可复制、可执行，核心是：**先定目标，梳理框架，再拆分，最后填充。**

我就拿我的期末政治考试举例。

第一，定目标

首先我会将所有的考试重点总结在2～3页纸上，1万字左右，我的目标就是把这1万字背好且理解到位。

一定不要拿起书本就开始硬背，除了一些天才，他们可以把自己看过的书一字不差地背下来，并在需要运用的时候准确地回忆起来。我们普通人是不可能在短时间内做到一字不差地背诵全文的，所以先要定一个具体清晰的记忆目标，你才能有的放矢地去突破。在定目标的时候，一定要根据自己的实际情况，找准自己的方向，而不是漫无目的地给自己增添负担。有了清晰且正确的方向，你在记忆过程中才有可能实现事半功倍。

第二，梳理框架列重点

我会先把这1万字的重点梳理一遍，看看这1万字是不是能归纳成5个核心左右。可以通过思维导图的方式，先把大的框架梳理清楚，然后再在大框架下细分，把每个核心之间的关系弄清楚，每个核心延伸出约3个知识点，这样下来，整个框架就有约15个知识点。

这样梳理下来，1万字变成了15个知识点，我就会觉得这件事情容易多了，自信心也得到了增强。

自信对记忆力是很重要的。

有研究表明，在大多数情况下，我们并不是记不住，而是不相信自己能记住，所以干脆就不用心去记忆。记忆和工作、学习一样，那些自信的人总能比不自信的人做得更好。当我们认为自己记不住的时候，多数情况下我们会放弃记忆，即使继续坚持记忆，也往往会因为信心不足而失败。

所以，打消自己的畏难情绪吧，你会发现一晚上你也能记住1万字。

第三，记核心框架

这15个知识点最多也就300字，你先去记住这15个知识点，无论你是硬记，还是联想记忆，根据自己的习惯来就行。

第15天　记忆力飞升，必备费曼学习法

一旦你快速记完这300字，你就会有很大的成就感，这种正反馈会不断激励你向下一个目标前进。

第四，多复述

考试的目的是让你理解知识点，考试给分的关键也是有核心点就行。通过上面三步，你已经把考试重点的核心都记住了。现在我们对着每一个点，想象自己正在讲给别人听，用自己的语言

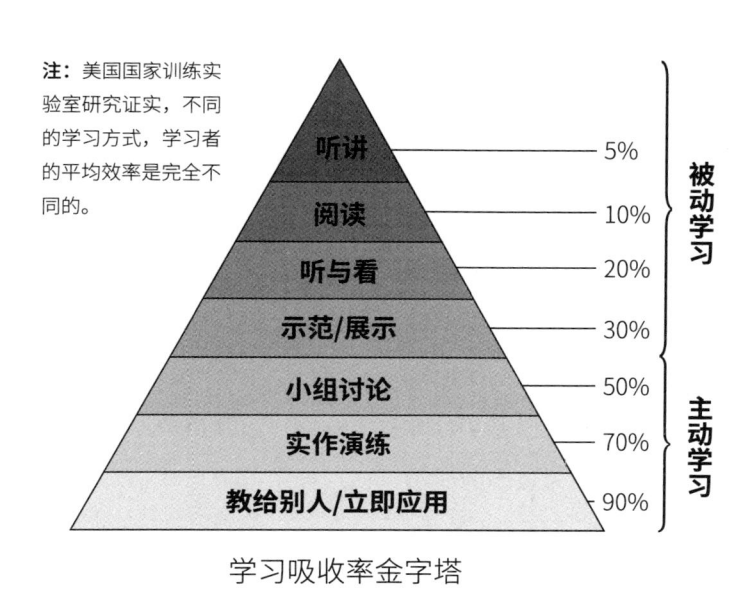

注：美国国家训练实验室研究证实，不同的学习方式，学习者的平均效率是完全不同的。

学习方式	效率	类型
听讲	5%	被动学习
阅读	10%	被动学习
听与看	20%	被动学习
示范/展示	30%	被动学习
小组讨论	50%	主动学习
实作演练	70%	主动学习
教给别人/立即应用	90%	主动学习

学习吸收率金字塔

复述细节，不会的再去看原材料，对比重点记忆这一部分。

这里会用到一个方法：费曼学习法。

学习吸收率金字塔表明："教给别人"对学习的吸收率是最高的，达90%。就是表面上看是在教别人，其实是在以教的方式"逼"自己查缺补漏。

费曼学习法被称为史上最牛学习法，能够帮助你提高知识的吸收效率，真正理解并学会运用知识。这个学习方法，可以验证你是否真正掌握一个知识，能否用直白浅显的语言把复杂深奥的问题和知识讲清楚。

有个故事，有一位农民父亲，他的女儿考上了清华，儿子也考上了北大。有人就好奇地问他："你把两个孩子都送进了名牌大学，是不是有什么绝招啊？"

农民憨厚地说："我这人没什么文化，也不懂什么绝招。只是觉得孩子上学花了那么多钱，不能白花了，就让孩子每天放学回家，把老师在学校讲的内容跟我讲一遍，如果有弄不懂的地方就问孩子，如果孩子也弄不懂，就让孩子第二天问老师。这样一来，花一份的钱，教了两个人。

"奇怪的是，孩子学习的劲头特别强，哪怕是别人的孩子在外面玩得热火朝天也不为所动，就这样学习成绩从小学到高中一路攀升，直到考上清华、北大……"

其实这位父亲所用的，就是费曼学习法，只是他没意识到而已。

费曼学习法，就是以教的方式，逼迫自己自觉，甚至是开心地完成学习。

费曼学习法的具体操作方式：

第一步，选择要学习的概念，拿一张空白的纸，在最上方写下概念的名称。

第二步，设想你是老师，要教会一名新生这个知识点。这一步要假想自己是讲给一名毫无这方面知识积累的学生听，把你对这个知识点的解释记录下来。

后来，我发现我的记忆方法不仅让我顺利通过考试，还成了我做事的一种基本方式。

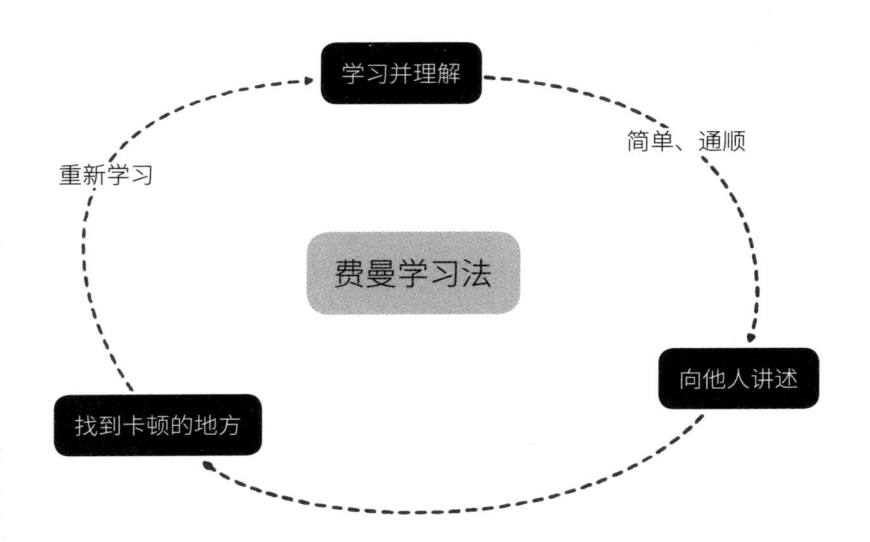

在工作和生活中每遇到一个问题，我都会先定目标，定框架，列重点，再拆分，填充，这让我解决问题非常快速高效。

这个记忆方法还有一个好处，就是能很快让我看清事情的"本质"。也就是能很快完成前文讲的，梳理框架列重点。

我之所以可以写出那么多畅销书，核心就是我擅长对事情进行框架梳理，迅速找到重点。解决了最重要的事情，我再去丰富"血肉"就很简单了。

这一套方法，我建议大家充分运用到工作和生活中。这是我亲测后证明有效的方法。

最后，不要在自己状态不好的时候强行进行记忆，很多时候，你休息一下会发现记忆效率很快就上来了。

俗话说，**休息是为了更好地工作。**

劳逸结合不仅能避免过度疲劳造成的厌倦感，还能最大限度地保证我们对工作、学习的热情和兴趣，让我们提高效率，工作和学习起来事半功倍。

21天逆袭人生 / 第15天
记忆力计划执行清单

可复制、可执行的高效记忆法	具体内容
第一,定目标。	方式:在纸上写下××时间完成××目标,细分到每一天要完成××任务。 比如:7天后要考试,我要背完一本书的知识点,首先我花时间整理2万字左右的笔记,那我就要花7天时间背完这2万字。
第二,梳理框架列重点。	工具:思维导图。 方法:梳理这2万字,发现其核心就讲了10个点,用思维导图将每个点延伸3~4的点,这样核心点就变成了30个左右。

续表

可复制、可执行的高效记忆法	具体内容
第三，记核心框架。	重点记忆这些核心点，快速记住核心框架。
第四，多复述。	用自己的话去解释这些核心点，反复复述，对比课本，完善复述逻辑。

DAY 第16天
掌握写作方法，撬动人生杠杆

2022年五四青年节，诺贝尔文学奖得主莫言老师，以过来人的身份，现身B站，为年轻人拍摄了一部名为《不被大风吹倒》的短片。

在短片中，莫言老师说：**"一个人可以被生活打败，但是不能被它打倒，越是困难的时刻，越是文学作品能够发挥它的直达人的心灵的作用的时候。"**

这说给年轻人听的话，其实也是在说给我们所有人听。"不被大风吹倒"是每个人的希望。但只喊口号没用，大家都要增长内力与定力。这个内力与定力，对我来说，就是写作。

每个人写作的目的，可能各不相同。

有人想像莫言、村上春树一样成为职业作家；有人想提升表达能力，获得更好的工作机会；有人想在专业领域输出意见，提升影响力；也有人想打造个人品牌，提升气质和魅力；更有甚者，无他，喜欢、热爱写作而已。

但能拥有写作这项技能的人，生活过得一定不会差。

也许在过去，即使是大作家，也曾为写作到底能带来什么感到迷惑过。

作家王小波在谈到为什么要写作时曾说写作是一种趋害避利

的危险行为。因为据他所知,这世界上有名的严肃作家,大多是凑合过日子,最后他只得把这种行为归结于"我相信我自己有文学才能,我应该做这件事"。

但在现代社会,我很少看见一个写作能力优秀的人,会过得不好。相反,我看过太多因为写作而随心所欲、自在生活的人了。

很多人会对写作望而却步,我用自己的经验告诉你们,写作并不是"天赋选手"的饭碗,它是普通人的饭碗。

我们总以为作家是那种下笔如有神,坐在书桌前就可以文思泉涌,自觉又自律,没有人监督也能老老实实地坐在书桌前,认认真真写作的人。

其实并不是。有个作家曾说:**"世间哪有什么天赋异禀的作家,哪有什么从天而降的灵感。写作就是日复一日地枯坐在书桌前对着一沓白纸,日复一日地枯坐下去。"**

这是21天逆袭人生的第16天,我们来学习如何写作!

我们先解决很多人都想知道的问题:**怎么快速完成一篇文章?**

第一点,列提纲。

很多人写不出来,因为他不知道写什么。那怎样才能知道自己该写什么呢?

不是说你在那里硬想我要写什么,而是要先列个提纲,基于这个提纲,去想写什么主题、写什么方向的内容。

快速写作的方法就是知道要写什么。这时候的写作就像建造房子,先有设计图,再去打地基,然后再去铺水泥。

第二点,写完提纲,大量输入。

有一个能力对写作来说很重要,就是信息搜索的能力。

写完提纲后,你需要搜索大量素材,将之填充到对应的提纲下面。必要时,你会在获得更多信息的时候调整你的框架。

第三点,开始行文,扩充血肉。

素材寻找完毕之后,你需要有一个确定的内容主题,以及完整细致的框架。

这个时候,可以开始用自己的语言去写作,同时挑选更加优质的素材填充进来。这样很快你的初稿就完成了。

海明威曾经说过:"初稿都是狗屎。"后面就是不断修改完善的过程。

我跟大家说一说**长期写作的几个训练方法**。

第一,固定时间,强制多写

杜鲁门·卡波蒂曾说:"多写是唯一的利器。"

每天固定一个时间,坐在书桌前,打开电脑或者铺开一张纸，直接开始写，什么也不要管。

你就写那一刻出现在你脑中的东西，想到什么就写什么，不要管语法，不要管措辞合不合理，不停地往下写。

可以给自己设置一个小闹钟，闹钟响才停笔。我每次都会设置一个半小时后的闹钟，写完后常常发现竟已写了超过1000字。坚持这么写一段时间后，写稿对你来说就不再是难事了，你也不会觉得每次提笔什么都写不出来。

第二，找准一个方向，精准击破

前期写作一定不要漫无目的，比如今天写观点文，明天写人物稿，对新手来说，最好是先找准一个方向。

不同的稿件类型，背后的写作逻辑会有本质的不同。与其雨露均沾，不如先攻破一个领域。

我有一段时间就是花了两个多月练习写人物稿，那段时间我基本不写别的稿件，每天都在研究人物稿的写法，找人物素材。

就这样坚持写了两个月之后，我感觉我的写稿能力有了很大提升。

写作是一通百通的，先找准一个方向，避免漫无目的地前进，反而可以有更大的突破。比如写人物稿积累起作品，后面写观点文你会更得心应手，再将这种能力迁移到商业软文上，对你来说也不会难的。

第三，拆解文章，总结学习

干什么事情都是这样，"姿势"对了，越做越顺，否则事倍功半。

社会心理学研究表明：模仿是最直接、最快速的精进学习的方式。写作当然也不例外。

我写作之初常常遇到的问题就是，不了解文章结构，越写越"自嗨"。

解决这个问题的办法就是：拆解文章。

我们可以去根据自己写的稿件类型，找到同类文章中的爆款拿来拆解分析。

如果不会拆解，我给大家几个拆解的方向：

1. 拆解选题，分析文章选题的类型，好在哪里。
2. 拆解标题，用了什么结构，关键词是什么。
3. 拆解开头，开篇如何破题，好在哪里。
4. 拆解正文，正文用了什么结构，小标题是怎么写的，案例如何穿插运用。
5. 拆解结尾，结尾如何升华观点。

第四，少用连接词，多用短句

如今的新媒体文章，喜欢用短、平、快的句子，不喜欢过去那种冗长华丽的句子。所以我们在日常练习中,也要多写短句。

新媒体阅读是碎片化的阅读,如果一段话冗长又难理解,读者可能会直接关掉这篇文章,不会再继续往下看。因此,我们写稿千万不要挑战读者的耐心。

那么,如何写短句呢?

1. 少用形容词,多用动词和名词。

2. 如果一句话包含两个意思,那就拆成两句话。

短句是最能直击人心的,一句话里修饰词加得越多,它的力度反而会越弱。

第五,坚持更新,一周一篇长文

一周一篇长文其实是最佳的目标,如果达不到的,可以一个月三篇,或者两周一篇,但是一定要持续输出长文。

前面说过,你可以随意写,当成练笔。写长文就是在练笔的基础上,提升自己的写作能力。写长文可以锻炼我们的结构编排和整体的语言构思能力,如果只是练笔,不写长文,那我们的写作能力也不会提升。如果担心自己写不出,或者会拖延,可以给自己设置一个截稿日。截稿日是写作者的好朋友。

有很多写作者,都是因为有截稿日的存在,才最大程度地发挥了自己的写作才能。

第六，最重要的是一定要坚持

英国著名作家狄更斯平时很注意观察生活、体验生活，不管刮风下雨，每天都坚持到街头去观察、聆听，记下行人的零言碎语，积累了丰富的生活素材。

因此，他才能在《大卫·科波菲尔》中写下精彩绝伦的人物对话，在《双城记》中留下逼真的社会背景描写，从而成为英国一代文豪。

每次和别人分享写作的技巧，我都会谈到坚持。坚持不是技巧，却是一切技巧的根源。

我从来不相信有人努力写作会写不好。更多的人是感觉看不到希望，坚持不下去。

我自己就是在这条路上摸索了很久。我曾经被拒稿数10次，长达大半年的时间零收入。但是我很感激那个时候没有放弃的自己，正是因为坚持下来，才有今天的我。

写作这条路很像一条从平缓到迅速爬升的曲线，前期我们经历的就是那个平缓的阶段，熬过去了你一定会有爆发式的成长。

我曾说过一句话：70%爆款相似×足够多的实验品＝100%爆款。

很多人注意到了爆款相似，却忽略了足够多的实验品这一要素。有人发完一条小红书后来问我：为什么不火，该怎么做，自己是不是不适合。我说：你才写了一篇怎么可能火呢？你是天才吗？你是上帝选中的人吗？

说这件事情就是想跟大家说，不要急于求成。当你认准了一件事时，你义无反顾地坚持下去就好了。一努力就要看到效果，这是小孩子才会做的事情，你该做一个成熟的大人了。在你坚持的过程中，焦虑和迷茫一定会得到缓解的。

最后，请大家记住股神巴菲特的一句话：最大的投资就是投资自己。不要放弃学习，去学习能让你成长进步的课程，去跟比你厉害的人聊天，想尽一切办法让自己成长。当你一步步推着自己往前走的时候，你会知道你是在往一个好的方向发展，你的迷茫焦虑也会减少。

我一直有个观点，就是先做正确的事情，然后正确地做事，在这个过程中，不着急，慢慢来，允许自己慢慢变好。

我们总是倾向于高估人生的某个决定性时刻，低估每一天微小的积累，但正是这些一点点的进步塑造了今天的我们。花点时间逐步修正自己，一步步改变，一点点积累，这些改变和积累会帮助你逐步实现你的梦想。

一个人，只要在某个细分领域成为专家，就没有什么所谓年龄诅咒，反而会越来越吃香。 写作就是这样一个领域，只要掌握了，你就会摆脱一切年龄诅咒。你会变得越来越自由，无论是金钱还是身心方面。

21天逆袭人生 / 第16天
写作计划执行清单

坚持写作计划 （30天一个周期）	具体内容
第一条，固定时间，强制自己多写。	邀请几个好友，建一个写作监督群，规定自己每天写1000字，完成打卡，没有打卡就在群里发100元红包。
第二条，找准一个方向，精准击破。	1.明确自己的写作方向，情感文、人物稿、故事文等，看个人兴趣，我建议从人物稿开始。 2.在这30天内，只写人物稿。

续表

坚持写作计划 （30天一个周期）	具体内容
第三条，拆解文章，总结学习。	人物稿来源：人物、最人物、十点人物志、南方人物周刊、每日人物、环球人物等媒体。 拆解50篇人物爆款文章，学习总结方法。 1.拆解选题，分析文章选题的类型，好在哪里。 2.拆解标题，用了什么结构，关键词是什么。 3.拆解开头，开篇如何破题，好在哪里。 4.拆解正文，正文用了什么结构，小标题是怎么写的，案例如何穿插运用。 5.拆解结尾，结尾如何升华观点。
第四条，70%的时间和精力花在修改文章上。	1.持续写作：细化目标，每日1000字，每周两篇3000字的人物稿。 2.找人改稿：找到一个写作高手帮你改稿，付费都可以（这是进步最快的方式）。 3.用石墨文档，保留修改痕迹，对比修改前后的文章，总结复盘。 如果找不到帮你修改的人，可以自己反复修改，也可以给朋友看，让他们提问题。你自己摸索着修改，这是一种下苦功夫的方法，能坚持下来，你的基本功会非常扎实。

DAY 第17天
认识自我，寻找定位放大优势

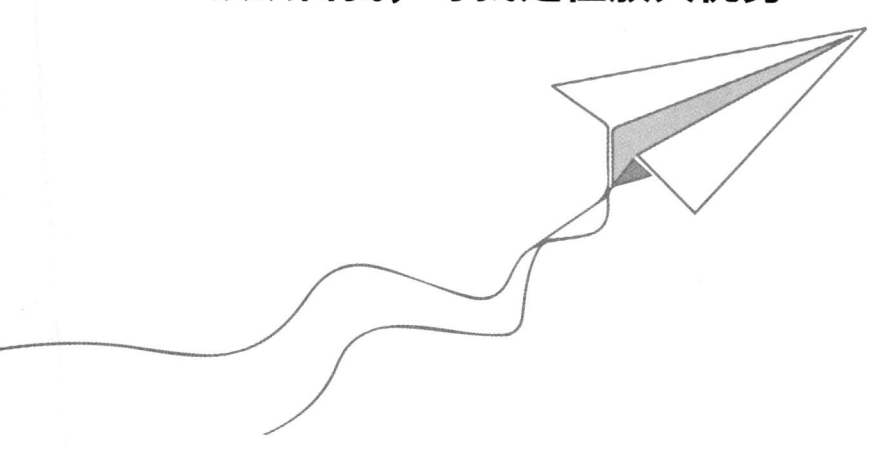

在希腊的雅典城里，有一座阿波罗神庙，门楣的石板上刻着一行字：认识你自己。

生活中，很多人一辈子都在揣摩他人，却很少去探究自己。

老子曾言："知人者智，自知者明。"

楚汉之争后，刘邦在总结自己取得胜利的经验时，说过这么一段话："运筹帷幄之中，决胜千里之外，我不如张良；镇国家，抚百姓，给馈赏，不绝粮道，我不如萧何；连百万之众，战必胜，攻必取，我不如韩信。这三个人是天下人杰，可是都能为我所用，所以我能够夺取天下。"

刘邦不擅长带兵、谋划和理财，但他善于用人，能驱使比他厉害的人为其效命，所以能成就大业。

其实，每个人都有自己的长处和短板。在不擅长的领域拼命找存在感，往往耗尽心力却所得无几。而真正聪明的人，都在做自己擅长的事，并且坚持做下去，做到极致，直至取得成功。

在经济学里，有一个"木桶理论"。大意是说，**一个木桶能装多少水，不是取决于最长的那块木板，而是最短的那块木板。**

这没错，一个人的发展，往往会受限于自身的缺点和短板，所以要补足短板，改善不足，不断提升自己。

但是，短板只会制约你的成功，真正决定你能否成功的其实是你的长板，也就是你能否发挥所长。

所以，与其在短板上努力，劳心劳力地去做自己不擅长的事情，不如发挥所长，去做自己真正喜欢和擅长的事情。

有这样一个故事：奥古斯特·蒂森年轻时，曾想成为一名文学家。

为了实现自己的文学梦想，他结交了很多文学界的朋友，每天不知疲倦地读书，然后奋力写作。但是，3年过去了，他在文学界还是毫无建树。

蒂森感到很迷茫，也很痛苦。他的父亲劝告他最好还是选一件擅长的事情来做。

于是，蒂森放弃了写作，选择了最擅长的经商。

果然，在自己擅长的领域，蒂森如鱼得水，很快就闯出了一番天地，生意越做越大，最后成了德国名副其实的"钢铁大王"。

后来，在回顾过往经历时，蒂森说：我之所以成功，不是因为我最努力，而是因为我选择了只做自己最擅长的事情。

人这一生，时间和精力都很有限，你不能用时间来证明你不擅长做某些事，而应该在有限的时间里做好你真正擅长的事情，创造价值。

那么，如何知道自己擅长些什么呢？

比方说你是做销售的，你做了5年，但业绩始终平平，甚至不如刚入职几个月的新人，那销售是你擅长的事情吗？

不是的。擅长的事情不是你正在做的或者长期坚持在做的事情，而是你发自内心喜欢的，拿手的，并且能取得成果的事情。

管理大师彼得·德鲁克说过："一个人要有所作为，只能靠发挥自己的优势。"千万不要小看优势的力量和你利用优势掌握的赚钱技能。如果你英语学得不错，你就可以当英语老师、翻译，甚至创业。俞敏洪老师就是用英语好的优势创造了新东方；丁磊因为热爱计算机，看书自学，创办了网易；扎克伯格中学时期就热爱编程，会写程序，还曾被夸为神童，后来缔造了脸书。

很多人找不到那些能让自己赚钱的优势点，本质上是没有认识自我。认识自我之后，我们需要做的就是寻找定位，聚焦长板，放大优势；改进短板，减小劣势。

拿我自己举例。

我出生于三线城市的普通家庭，上的是三流学校的空乘专业，没有任何特殊技能和资源。投稿被拒30次，一篇文章50元都没人要，文章最多时只有300的阅读量，在公司实习还差点被劝退。在《非你莫属》的舞台求职，唯一想给我机会的老板，还只愿意给4000元月薪，这在上海连基本的生活都维持不了。

曾经一度连毕业后能不能找到工作都不知道的我，毕业没多久就依靠写作生活：有多篇阅读量过百万的刷屏级文章，为电影

《后来的我们》撰写海报文案……

年轻人难免眼高手低，对自己的定位与自己的能力不能相匹配。其实年轻人自信是好事，只有自信才可以勇往直前，闯出一片属于自己的新天地。但要对自己有正确的定位，快速找到自己的优势所在，不然就会很容易误入歧途。

认识自我，找寻优势主要看三点：**你喜欢什么、你擅长什么、你在什么方面花的钱和时间最多。**

这是21天逆袭人生的第17天，如何认识自我，放大优势？

第一，思考你喜欢什么

如果你对一件事情特别喜欢，你会有无穷的潜力来做它。我有一个喜欢搞乐队的朋友，乐队是理想，工作是现实。他每天工作加班到12点回到家都会唱歌，还会坚持写曲子，周末也经常出去参加音乐节活动，或者去一个酒吧听歌，为喜欢的事情做点什么。

后来他发现有些节目或活动需要招募驻唱，于是他主动留下联系方式参加了一些活动，渐渐地变成有很多活动主办方邀请他。他现在已经成了一个颇有名气的DJ（打碟者），一场晚会能赚一两万块钱，一个月能接好几场。他靠他的优势挣到了钱，也养活了自己。

第二，思考你擅长什么

关于内容行业，我的启蒙来自中学阶段。那时候还没有微信，大家都流行玩QQ空间，我写过一篇文章叫《××中学风云人物榜》。

因为当时看了金庸的小说，我发现里面的人物都有排行，于是我模仿着做了一个中学"老大"排行榜，毕竟大家青春年少都喜欢看这些。当时我还留了一手，我的排行里没有写第一名，而是并列了两个第二名。可恰恰是因为这一点，大家反响很不错，都在讨论到底谁才是第一名。

这个榜单在QQ空间非常热门，好多老师、同学甚至毕业几年的学长学姐都在看。这是我第一次觉得自己有传播内容的能力。

我第二次感受到内容的魅力，则是做了学校贴吧的吧主。那几年贴吧非常火，我当时研究了贴吧的政策，思考我需要怎么发帖才能快速涨积分，再用足够的积分申请吧主，如此一来，很快我就成了吧主。后来，我又把自己写帖子的能力迁移到了公众号、简书等平台，开始写成篇的爆款文章，享受到公众号爆发式增长的红利。

再后来，我进入短视频赛道，因为文字是短视频的一个重要组成部分，所以我有把握可以把原有的优势迁移到新赛道里。事实是，我在腾讯做了短视频后，发现我的优势确实在慢慢迁移，我在这个行业也拥有了一些成就和地位。我很幸运，在很早的时候就发现了自己擅长什么，然后永远在最好的赛道里，保持增长。

第三，思考你在什么方面花时间最多

大能是一个专业的制表师，西瓜视频独家创作人，千万粉丝博主。他从小受到父亲的影响，在中学时期就开始接触手表工艺，且对其产生了极大的兴趣。对于细致的表盘，他玩得出神入化。

他从小就开始研究这门技艺，不断花时间打磨和修炼，学有所成后在相关网站上发布作品、接手表制作单，靠这项技艺逐步挣钱。在2020年5月，大能强势入驻短视频平台，一个月涨了几百万粉丝，把自己塑造成了一个专业制表工匠和生活玩家的形象，内容有趣生动，专业地展现了制表技术，还通过制作很多与制表相关的有趣有料的内容，被众多媒体邀请分享自己从制表工匠发展成网红博主的成长经历。

大能从小开始花时间、花钱去学习和积累制表技术，一路精进自己的技艺。基于自己的制表技术优势，他从一个制表工匠发展成千万粉丝级别的自媒体，不断给自己带来名誉和财富。

我一直从事自媒体工作，我也是从学生时代就开始尝试自己写内容、做账号的。再往前追溯一点，我发现小时候我就在写作，虽然不喜欢读书，但我课余花时间最多的就是读各种小说。

我逐渐发现我从很久以前开始，花时间最多的就是写作。

热爱一样东西，冥冥之中，你会不由自主地投入大量时间在里面。所以，想知道你有什么优势，不妨问一问自己："我在什么地方花的时间最多？"下面这张表格可以帮你分析你的优势和现状，帮你找到自己的目标。

你是谁？（角色）	你的优势	你的不足	现阶段需要	总的人生目标

第四，发现自己的不足

人无法避免与生俱来的弱点，必须正视，并尽量减少其对自己的影响。譬如，一个独立性强的人会很难与他人默契合作，一个优柔寡断的人也难以担当组织管理者的责任。人性的弱点并不可怕，关键要有正确的认识，认真对待，尽量寻找弥补、克服的方法，使自我趋于完善。

这个过程中一定不要害怕跳出舒适圈，因为只有跳出去了，你才能打破认知，再去升级认知。

我一直有个观念，我在《底层逻辑》里也提到过，当你一直处在舒适圈时，你周围都是与你同等层次，甚至没有你优秀的人，你会产生一种自己最优秀的感觉。你只有不断打破自己的现有认知，不断突破，你头脑中才会有一个对于外界的认知，你才能够知道自己的不足。

山本耀司说过："'自己'这个东西是看不见的，撞上一些别的什么，反弹回来，才会了解'自己'。跟很强的东西、可怕的东西、水准很高的东西相碰撞，然后才知道自己是什么，这才是自我。"

所以，希望大家在清楚知道何为正确的事情后，有勇气跳出舒适圈。

当然，这里我要说一句，以上四个问题看似很简单，但其实并不容易回答。如果你能回答，那么恭喜你，你对自我的认识已经很好了。但如果你回答不上来，没关系，接下来我将给你一些具实操性的方法，帮助你去认识自我，找到自我的优势。

第一个方法——认知多维镜。

认知多维镜是认识自我的一种工具，能让你通过听取身边人对自己的反馈，帮我们了解自己的优点、缺点以及性格特征。

认知多维镜				
反馈者	缺点	优点	性格特点	具体事例
自己				
父母				
伴侣				
朋友				
同事				
下属				
客户				
其他				
自我总结，我可能是一个什么样的人？				

上面的表格就是认知多维镜，我们可以通过向身边人询问，知道别人眼中的自己是什么样的。

建议在轻松愉悦，并且只有你们两个人的时候询问，告诉对方，你希望他认真真实地回答，以便帮助你了解自己。

这里要注意，一定要让对方说出每一个特征的"具体事例"，有了具体事例，你自己就能比较客观地总结大家的评价了。

基本上，通过这么多人的反馈，你就能总结出自己的特质，更加认识自己。

第二个方法——记录自己的心流时刻。

大家一定有过这样的体验，在做某些事情时全神贯注，投入忘我，甚至感受不到时间的流逝，事情完成后会有一种充满能量且非常满足的感受。

就像有些人在看悬疑小说时会非常沉浸，有些人在烘焙时感受不到时间的流逝，有些人则一看到机械的东西就非常开心……

每个人对心流的感受也是不一样的，建议大家可以去了解一下心流。

如果你之前没有留心过，那么你可以从现在开始记录，记录你做什么时会获得心流，持续记录，一个月、两个月、三个月后，你一定会发现这些心流时刻具有内在规律，把它们总结出来。

第三个方法——写高光时刻日记。

这一点可以说是集合了所有上面几点的特点于一体。下面这张表，第一列是具体描述你的高光时刻。所谓高光时刻，就是指人生中所有让你感到极大的满足和有成就感的事情。

高光时刻日记			
高光时刻 （STAR法则描述）	是否获得心流？	体现了我的哪些兴趣？	展现了我的哪些能力？
高光时刻1： S情景： T任务： A行动： R结果：			
高光时刻2： S情景： T任务： A行动： R结果：			

第四个方法——找标杆。

如果通过以上几点，你发现你的优势并不明显，或者说你自己喜欢的样子和别人描述的出入太大，那就用发展的眼光看自己，让自己成为"自己喜欢"的那个样子。

从你身边或者你比较了解的人中，找到一个或者一类人，其状态是你特别向往的，让自己努力成为这样的人。

记住，这并不是叫你不喜欢自己，而是让你在接受自己目前不够好的情况下，找到一个标杆，努力变得更好。

21天 逆袭人生 / 第17天
自我认识计划执行清单

如何认识自我，找到优势？	方法	写下你对这几个问题的思考？/运用如下工具
自我审视	第一，思考你喜欢什么。	
	第二，思考你擅长什么。	
	第三，思考你在什么方面花时间最多。	
	第四，发现自己的不足。	

续表

如何认识自我，找到优势？	方法	写下你对这几个问题的思考？/运用如下工具
借用工具	第一个方法——认知多维镜。	
	第二个方法——记录自己的心流时刻。	
	第三个方法——写高光时刻日记。	
	第四个方法——找标杆。	

DAY 第18天
碎片化学习,提高学习效率

经常会有朋友问我一个问题:"**你每天事那么多,怎么还有时间学习这么多新东西?**"

我的答案是:**碎片化学习。**

当然,碎片化学习不适用所有学习和所有人,我自己的方法也是将碎片化学习和深度学习结合。只是我的时间很宝贵,我更懂得高性价比地学习吸收,更懂得怎么从碎片化的知识中看到系统的全貌。

我自己是一个非常善于利用碎片时间学习的人,并且因此获得了非常大的好处。我出了十几本书,都是利用碎片时间学习的结果。

所谓"碎片化学习",有两层基本含义:**一层是碎片化的时间,另一层是碎片化的学习内容。**

时间的碎片化指的是,现代人的时间被各种事情切分,特别是各种社交软件打破了时间的限制,可以更快速地直接侵占你的生活,每个人的生活都可以被随时打扰。

对大多数职场人而言,能有一个3小时以上的整段时间都是一种奢望,所以需要"见缝插针"地学习。

学习内容的碎片化指的是,内容形式变成图文、短视频,由此承载的内容形式肯定也是"短"的，算法机制让这种"碎片化"的信息遍地都是。

现代社会，碎片化已经是一个既成事实，无论你愿不愿意，都必须适应这种现状。运用得好，碎片化学习将会给你带来很大的益处。

这是21天逆袭人生的第18天，我们如何碎片化学习？

根据使用场景学习碎片化的内容

这是一种比较功利的方式，一般为解决某一个问题，针对性地去学习。比如有一次我在分享的时候，缺一个非常重要的例子去证明我的观点，然后我就针对这个点，开始地毯式搜索，结果让我搜到了刘墉的例子。

刘墉是一个非常有名的台湾作家，很多人不知道他其实也是个画家。

有一次，他担任中学生端午绘画比赛的评委。当时孩子们画了很多龙舟。过了一段时间后，他进行批改，非常痛心，直到他看到一个龙舟，那个龙舟跟其他从侧面画的龙舟完全不一样，是直接从正面画的。他觉得这个孩子的画作就是当之无愧的第一名。

为什么呢？因为色彩、构图这些东西都可以学，但是这个从龙舟正面入手的创作角度不好学。

这个例子就被我很好地用到了对教育的阐述上。同时也因为我找到了合适的场景去解释这个例子，让我的碎片化学习得到了更深刻的理解。

很多人抨击碎片化学习，第一是因为知识的碎片化导致人理解不到位；第二是因为碎片化的内容人往往看过就忘了，知识完全吸收不了。

解决这两点的核心，在于你有没有去运用这个知识，且最好是在公开场合运用该知识。比如把学到的故事放入一个自己的运用场景里，把它讲了出来，讲给很多人听，这个内容和这个知识就已经变成你的了。

但其实，只要你自己知道你此时的学习方式是有利有弊的，你是希望以效率为主，我觉得就没有必要抨击。因为学习本质上还是自己的事情，不同情景用不同的学习模式才是高效的做法。

利用碎片时间，极力吸收学习

据国外媒体调查，比尔·盖茨将自己的日程安排细致到几分钟的程度。他的时间被切割为一个一个的5分钟。而且当比尔·盖茨会见客人时，他会随时拿起一本书阅读。

真正了解时间管理的人，都懂得合理利用零碎时间。学会在空闲时间里做些自己喜欢且有意义的事，在得到休息的同时，为生活创造新的价值，日积月累，从而改变自己的人生。

在我的观念里，零碎时间，是不可忽视，更不可让其白白流失的。

比如利用上下班的通勤时间，在地铁上看书或者报纸等。但我个人还是比较推荐通勤时"听知识"，不费眼睛。

比如听新闻解说、书籍、播客等，但一定要思维高度集中，时刻在大脑中装满问题和相关信息，并对此进行思考，这样的碎片化学习才是有效的。

比起一味刷手机，这种利用碎片时间学习的效率是非常高的。想象一下，在拥挤的地铁里，大家刷着手机，无聊地浪费着时间，而你还在深度思考中，一方面通勤的无聊没有了，另一方面你还处于进步中。

有一个时间管理方法叫"瑞士奶酪法"，指的是把大块时间拆解成小块时间，利用零散的时间完成任务。

这个方法告诉我们，不要小瞧每一分钟，任何一段时间都能为你完成目标起到重要作用。

这个方法能改善拖延，核心原因就是你不必一直等待有大块时间才行动。充分利用碎片时间，也能让你完成任务。意义就在于，任何微小的时间都有价值。

当然，碎片化学习是有价值的，但为了保证学习效果，我希望你了解以下三个学习步骤。

第一步，定一个学习目标

这个目标定为3个月的也行，1年的也行，不要去担心这个目标万一不是自己想要的怎么办。因为定这个目标最大的价值不在目标本身，而在于你要以这个目标为导向，实现知识和能力的融会贯通。

没有目标，你就会永远停留在浅层学习上。每天刷着知乎，听着得到，看似好像什么都懂，实则啥都不会！

比如这1个月的碎片化学习，我要充分知道怎么写好一篇文章，这里面就包括标题、开头、主体、结尾的写法，素材的运用，金句的提炼。

再比如，这1个月的碎片化学习，我要背完一本单词书，我就会每次有个10分钟的时间便打开单词软件背单词，做核酸排队时也可以背。1个月下来，看似我没有花时间，但一本单词书，我都背完了。

第二步，建立知识框架

从目标达成出发，建立一个学习框架，每次学到的知识即使是碎片的，你也知道这个知识是对应哪一块的。

比如你知道你一直在学习各种文案写作知识，听到标题怎么写，你就会自动联系之前看到的文章，自动去思考这一块的内容，总结提炼。

无论学习时间多么短，学习的内容怎么碎片，你都可以根据目标需要，将碎片化输入的内容，系统地填充在知识体系的相应位置。

第三步，碎片化输入，体系化输出

没有输出的输入，是一文不值的。

保证碎片化学习的有效，一定要在输入时，有个立刻输出的反馈。

可以自己问自己问题，利用"费曼学习法"复述出来。等到阶段性目标完成后，再去总结提炼。

亚里士多德曾指出过，飞行的箭矢在每一个瞬间都处于静止的状态，不论把多少支静止的箭矢集中起来，都不可能得到飞行的箭矢。

可我认为，如果你对一件事有恒久的兴趣，那么不论你是利用整块的时间还是碎片时间去学习它，都不会太糟糕；反之如果你对一件事不是很感兴趣，那么利用碎片时间就会显得没什么意义，只是徒劳。

如果你无法长时间专注，这个方法也适用。因为每次只要10~15分钟高度集中注意力就可以了。如果你不喜欢被控制，讨厌去做别人安排的事情，也可以试试这个方法，因为在每一个你自己安排和设定的10分钟的任务里，时间都是由你自己掌控的。每完成一次你都会获得满足和成就感，继而向下一个小目标迈进。

21天 逆袭人生 / 第18天
碎片化学习计划执行清单

如何碎片化学习？ （一个月的时间周期）	具体内容
第一步，明确你这一个月碎片化学习目标。	注意：尽量避免需要持续投入时间的深度学习和工作目标，选择适合碎片化学习的任务。 如：背单词、做计划、听课、听书、听博客、整理内容等。 在这里写下你的目标：

续表

如何碎片化学习？ （一个月的时间周期）	具体内容
第二步，建立知识框架。	思考：这个学习目标可以拆分成哪些部分，这些部分怎么安排成碎片化学习？
第三步，碎片化输入，体系化输出。	尝试训练：学到一个概念后，立刻用自己的理解去输出这个概念，同时让这个概念成为自己的思想。

DAY 第19天
选准赛道，获得核心竞争力

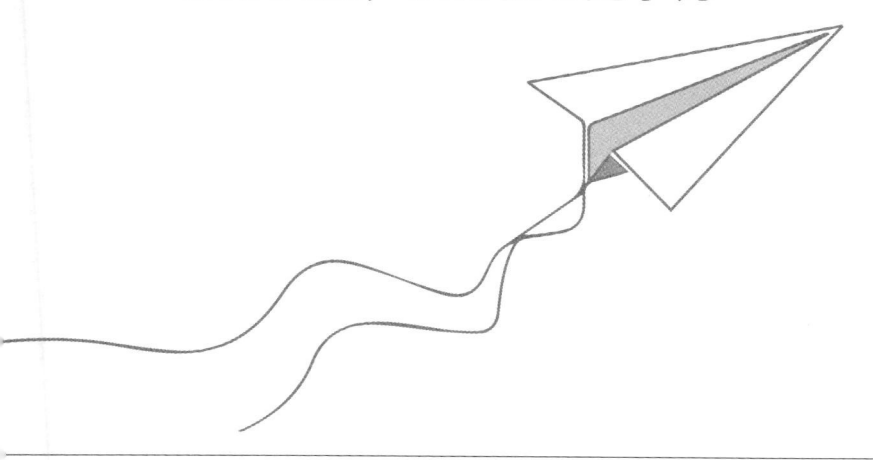

在非洲的一个草原，每天早晨，斑马一睁开眼，想到的第一件事就是：我必须跑得更快，否则，我就会被豹子吃掉。而同一时刻，豹子从睡梦中醒来，首先闪现在脑海里的是：我必须跑得更快一些，追上更多斑马，要不然我就会饿死。

于是，几乎同一时刻，斑马与豹子一跃而起，迎着朝阳竞跑。

生活显然不需要你像斑马与豹子般与他人弱肉强食，但竞争是不可避免的。你看江河湖海，到处都是千帆竞渡；你看城市乡村，处处都是行色匆匆的芸芸众生。生活是公平的，在人生的每一个驿站，每一个瞬间，我们若消极懈怠，不思进取，必将被时代抛得老远，或是淘汰出局。

因此，无论你是斑马还是豹子，每当太阳从东方升起的时候，就应该毫不犹豫地向前奔跑。

这是21天逆袭人生的第19天，我们如何才能赢得竞争？

🔥 首先，选对行业

我曾经看过一句话：工作能力可能是这个世界上最不值钱的东西。看到这句话的当时，我非常不理解。

但后来我越来越多地听很多人说过类似这样的话。他们说自己工作能力很强的时候，最有创造力的时候，却是工资最低、最赚不到钱的时候。而赶上一个好的时机，通过行业红利，或者跳槽，却赚到了钱。

这就像爬楼梯，如果你想上6楼，你的工作能力可以让你上6楼，那么问题就不大，还能每天锻炼身体。但如果你想上60楼，你还能爬楼梯吗？你的体力再好，也没坐电梯快。尤其是当你生病的时候，你还能爬楼梯吗？你还能上60楼吗？

当时我并没有真正理解这句话，心想：工作能力真的这么不值钱吗？"电梯"的作用有那么大吗？

后来我读MBA（工商管理硕士）的时候，有一个商界"大佬"来讲课，现场有同学问他："一个人获得成功，其自身的努力起了多大的作用？"

"大佬"顿了顿，说："10%。"

"10%"，同学们交头接耳，大家都没想到努力占的比例会这么低……

"不，可能要再改一下。"现场忽然变得很安静。

"其实只有5%，刚才说的10%还包含5%的运气，所以只有

5%。"他略加思索，补充了自己的答案。

他继续解释，在成功所需的因素里，努力的占比太小了。一个人要获得成功，最重要的是把握住时代的机会。在时代面前，个人太渺小了，只有选对行业，踩对红利区，个人的能力才能被无限放大。

就像雷军说的，**聪明的人、勤奋的人，这个世界上太多了，这些只是成功的前置条件，为什么只有少数人可以成功，核心是"顺势而为"**。行业趋势，比什么都重要。

2014年，我开始运营微信公众号。搭上这部"电梯"，纯粹是因为"运气好"。我当时也不知道"选择新兴行业""抓住时代机遇"之类的大道理，完全是在无意中进入这个领域的。后来，我也换过几家公司，但工作的大方向没变，行业没变，所以算是一直搭着"电梯"往上走的。2014年，新媒体行业刚刚兴起，行业的整体增速非常快，所以我得到发展更多是得益于整个行业的发展。

试想一下，在一个已经发展得比较成熟、完善的行业中，个人要发展，就要在已经形成的"行业等级"下缓慢爬升，哪怕你再优秀，别人80岁达到的高度，你以1.5倍的速度爬升，也要在50多岁才能达到。这时你都年过半百了，还拿什么和更年轻、更有干劲的人拼？

反之，在一个新兴行业，如果你先人一步进入其中，那你就比其他人更了解这个行业，因为这个行业还没有专家，你进入得越早，越有成为专家的可能性。

选择对的行业、新的行业，无异于是勇立潮头。

其次，拥有敏锐的嗅觉

2014年，我在公众号上创作文章，最火的文章也就几百万阅读量。当时公司的case（案例）已经到2亿的播放量，这个case就是短视频。

这也是我很早就开始投身于短视频行业的原因。

我常常和我的"投资朋友"交流他们最近投资了哪些公司。就算没有这方面的朋友，那投资类的媒体、市场企业、大环境，你总能了解吧？

敏锐的嗅觉在于，你能在第一时间发现"钱"去了什么地方，当所有的"钱"密集投向某个行业的时候，这个行业的时代就来了。敏锐的嗅觉为竞争提供了重要的支持。

有个理论叫：一，三，五，七，十。

一个行业第一年进入市场，不要选它，因为它可能会死；第三年的时候，是最适合进入的；第五年的时候，是行业的巅峰。所以说一个行业的前五年，壁垒还没有那么多，是值得进入的。到第七年，行业会开始衰落。第十年，行业就发展正常了。

拿小红书的美妆博主来说，现在2022年，很少有人再去尝试美妆领域了。因为比你漂亮、比你富有、比你有才华的人已经在这个赛道里站稳了。对嗅觉不太敏锐的人来说，其实一个行业的前五年都是值得去深挖价值的，因为它的壁垒还不多。

从我个人的行业嗅觉来看，如果一个行业已经存在了十年，那么就不值得进入了，因为十年足以让一个小白成为牛人、精英、大佬。

行业风口的存在是很短暂的，所以，与风口一起时常被提到的一个词是红利。如何找到属于自己的行业风口，分到红利呢？在此与大家分享两个方法。

第一，"链接"别人。

观察自己的朋友圈，看看有没有享受过风口红利的人。然后，找他们聊天，了解他们是如何找到并把握住风口的。这时候很多人会问：我的朋友圈中没有这样的人，怎么办？很简单，去结交。现在有个APP叫"在行"，里面有很多享受过行业红利的专家，你可以付费约见他们。这种方式最直接。很多时候，只是一次短暂的约见，你就可以节约很多无意义的摸索时间。

第二，关注四个方面的变化。

其实，大部分行业风口的出现都离不开环境、技术、政策、经济这四个方面的变化。疫情导致的环境变化带来了"口罩经济"，新能源技术的突破推动了电动汽车的发展，政策变化正在指向5G基础建设，资本孵化了大批国货品牌。

你平时可以多看看《新闻联播》，以及行业报告，多留意这四个方面的变化。

如果你错过了风口，也不要难过，因为下一个风口已经在来的路上了。我相信能够分到风口红利，并长久发展的人，一定是那些看清风口，且为之努力的人。

人在工作期间会经历好几个行业的周期更迭，加入新兴的行业才能发现风口。因此，选择比努力更重要，正确的选择不能降低你的努力程度，但至少能让你吃到"正确前进"的定心丸。

正如茨威格说的："所有命运赠送的礼物，早已在暗中标好了价格。"

我们向命运缴纳的所有努力与汗水，全都是入场券，后面藏着的，将是自己从未想象过的回报。

21天逆袭人生 / 第19天
竞争计划执行清单

竞争力培养计划	具体方法
选对行业	拿出一张纸，画3个相交的圆圈，在3个圆圈中分别写上以下3个问题，同时将这3个问题的答案写在圆圈内（结合认识自我那一节的方法）。 1.我擅长做的是什么？ 2.我喜欢做的是什么？ 3.市场上有前景的职业是什么？（借助行业报告、咨询业内人士等） 回答完这3个问题后，梳理出3个圆圈相交的部分，找到个人优势和市场需求的交集。

续表

竞争力培养计划	具体方法
拥有敏锐的嗅觉	第一步，梳理你朋友圈的"行业专家"，主动去跟他们沟通各行各业的信息。 第二步，增强自己的"搜商"，梳理渠道，通过互联网去找这些"巨人"，比如得到、喜马拉雅、混沌大学、看理想、豆瓣、B站、公众号等，带着问题去从这些渠道找答案。 第三步，海量阅读，这里的阅读不只是读书，而是搭建体系，有针对性地阅读相关资讯，比如虎嗅、钛媒体、界面新闻、投资界、创业邦等。

DAY 第20天
高效复盘，告别过去的自己

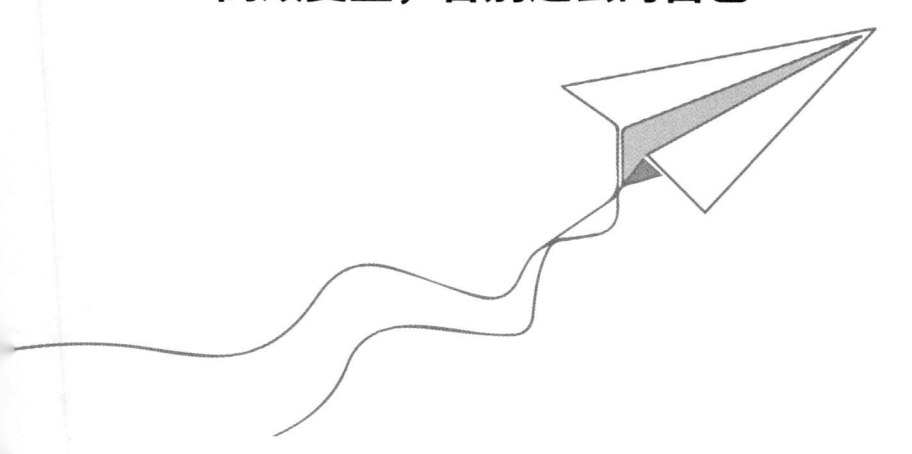

我曾听过一段关于马斯克的采访，主持人问马斯克："你觉得最有挑战的事情是什么？"马斯克思考了很久才回答："及时纠正错误，并且反馈循环。"

我深以为然。

很多人会问我：如何年纪轻轻就获得如此不错的成绩？**一个非常重要的能力，就是复盘。**

人们常说，成功是思维认知差导致的，那么多思维方式，如果要我从中选出最底层的、最重要的，我会选"成长型思维"。

卡罗尔·德韦克在《终身成长》中定义过"成长型思维"：

你的能力永远不是静止的，而是不断成长的；

失败并不是否定你的能力，而是告诉你"你可以做得更好"；

无论面对多么困难的挑战，只要抱着"我可以从中学到什么"的心态，都可以令你鼓起勇气。

....

那些成功的人，无一例外都是拥有成长型思维的人，而这种思维的形成，核心就是懂得"复盘"。

复盘可以极大地帮助我们从现象中找本质，发现其核心的方法论，从而实现知识迁移。所以复盘很重要，是我们必须掌握的一项底层思维。

曾国藩便是一个十分善于复盘的人。

曾国藩有一个习惯，每做一件事，不管成还是不成，都会进行复盘。他志向远大，但认为自己资质不好，只能通过不断复盘反思来不断改进。

他最后做到"立德立功立言"，但在这功绩背后，充斥着他对自己人生的复盘，翻开他的家书，可以看到大量他对自己遭遇的复盘与心得。

我经常会用复盘的方式，把一些人生的"早知道"时刻记录下来：

早知道今天上班会迟到，我就不睡懒觉了。

早知道会被领导说一顿，我就不偷懒了。

早知道机器会出现问题，我就认真提前检查了。

…………

一旦有"早知道"的想法，我就会想，上一次是不可弥补的，只能思考下一次怎么能避免犯错。所以，我会立刻把这个事情写下来，放在显眼的位置，让我不会第二次在这个事情中犯错。

然后，我会每天思考我一天做了什么事情，什么是做得好的，什么是做得不好需要改善的，做一个总结反思，并思考下次如何把做得不好的事情做好。我会记录之前犯过的错误，避免再次犯错。

我自己的亲身经历告诉我,如果你想快速成长,想获得一个不一样的人生,一定要学会对自己的经历复盘,学会借鉴他人的复盘。

这是21天逆袭人生的第20天,我们来学习如何复盘,获得10倍速成长。

为什么要复盘?

你知道为什么你会在一个地方重复犯错吗?你知道为什么别人已经甩开你很久了,而你还在原地踏步吗?核心原因在于你不**懂复盘**。

我遇到过很多学生,学习很刻苦,但学习的结果却不尽如人意,看似学了很多,可是杂乱无章,不知取舍。也有些职场人士,感觉工作很忙碌,甚至经常加班,但能力没什么长进,工资和职位也在原地踏步,很重要的原因还是不懂复盘。

什么是复盘?

反思过去的错误,思考怎样才能不犯过去曾犯过的错误的过程,就是复盘。 如果不复盘,人生就没有什么意义,复盘可以帮助你找到失败的核心原因。

为什么要复盘?

第一,你比你想象中的要遗忘得快。

根据艾宾浩斯的遗忘曲线理论,我们学到的知识在学习约20分钟后就会被遗忘40%以上,一个小时后会被遗忘50%以上,差不多一天以后会被遗忘70%以上。看似本周才进行的项目,你可能早就忘光了,不复盘就等于白实践了。

因此,复盘可以让自己回顾之前所经历的点滴,及时分析自己的优缺点,强化优点,改掉缺点。这是最快的成长方式。

第二,复盘可以帮助我们节省和高效利用资源。

在复盘中,通过对事情的详细回顾,你除了可以从中分析自己哪些地方做得好,哪些地方做得不好,做得好的地方还能不能做得更好,做得不好的地方该怎么改进之外,还可以分析做这件事用了多少时间,有多少人帮助过自己,等等。

通过这样的分析,你以后就会知道怎样找到对的方法和对的人,帮助自己提高办事效率。**经验不是做过就会有,而是萃取沉淀后才会有。**

第三,复盘可以帮助我们少走弯路。

复盘的过程,有对目标和结果的回顾,也有对过程的剖析。你要学会时刻提醒自己方向是否正确,如果不正确就及时做出调整。

比如我的小红书团队就会阶段性复盘数据，及时指出当下存在的问题，做出调整，以免陷入更大的困境中。有一次我们的视频播放数据增长遇到瓶颈，当大家本能地觉得是选题问题时，我们通过复盘数据，尝试用AB test[1]测试，把我们觉得有问题但内容确实不错的视频修改关键词推送，结果数据一下就起来了。通过这样的复盘，我们消除了大脑的"本能以为"，找到问题的真正核心，从而找到解决方法。

第四，复盘可以让我们明确目标。

人们常常做着事情就把"过程"当作"目标"，比如"背单词"是过程，"背好单词"才是目标。这就是用战术上的勤奋掩盖战略上的懒惰，经常把过程当作目标，永远也实现不了目标。

该正视的事情，一点都不能懈怠。通过复盘，我们可以不断将结果与目标对照，提醒自己目标是什么。明确目标之后，我们才能更好地达成目标。

复盘原则

在各种畅销书、知识付费内容、文章的普及下，越来越多人知道复盘的重要性，但很可惜，也只停留在这个层面上了。大

---

[1] 一个测试用户对产品元素会如何反应的工具。——编者注

部分人的状态是，"我明天要复盘，要经验沉淀，然后啥也不去做"。

我们要做的第一件事：记下每周最重要的6件事情，包括3件做得最好的事情，以及3件做得不好的事情。

一周工作时间5天，非工作时间2天，7天的时间，如果你还找不到3件你觉得做好的事情，你就要想一想你自己最近这段时间是不是浪费时间、浪费生命了。

比如我前段时间发现自己有一个很不好的习惯，即在等红灯或堵车等待时看手机。那一次，后面的车一按喇叭，我就习惯性地把车开走了，一周闯了两次红灯。我是记录下来后才发现这个坏习惯的，从那以后我开车就再也没看过手机了。

复盘6件事，好的、坏的都能帮你认清你自己，并且让你从过去的经历中获得力量。

苏格拉底说过一句话，认识你自己。认清你的优势、劣势，首先你需要把它写下来。

第二件事：写下来以后，对齐目标。我做的3件特别好的事情跟我的目标是不是保持一致。

假如我今年的目标是赚到100万，我发现我本周做得特别好的3件事情是把家里擦得特别干净、跟朋友出去玩、看了一本好书……

虽然这3件事都挺好，但显然跟赚100万没啥关系，以这个目标为基准，你这一周就已经"偏航"了。如果没有这个记录，你可能还觉得你这一周过得很好。当你复盘完后，你就会知道你得尽快地回到主航道里，只有这样你才能更快更早地到达你的目的地。

每周复盘表	
具体内容	
复盘内容	1.是否跟目标一致？ 2.是否可以将经验沉淀形成方法论？ 3.从这件事可以迁移的部分是？

第三件事：深度复盘，形成方法论。

我发现深度复盘，可以快速形成方法论，这个方法论会让我走得更快。

因为做小红书，我必须快速带领团队做出成绩。在从0到1的过程中，我每天都在快速数据复盘，通过复盘我也养成了深度思考的习惯。

在不断复盘的过程中，我总结了做小红书的底层逻辑，进而形成了自己的一套方法论，快速出了一本《爆款小红书》，而它已经成为这个领域的一本畅销书。

通过复盘，我们能快速发现做成一件事情的缘由是什么。我们做一件事的原因也许有很多，而复盘能让我们把经验变成标准程序，减少很多不必要的试错成本。

复盘方法

做新媒体行业8年，我遇到过工作学习都很刻苦的人，但他们取得的结果却不尽如人意，看似做了很多，却只是在瞎折腾。

《刻意练习》的作者认为，一个人有可能在一个领域浸润数年而没有多大提升，因为他只是在进行天真的练习。

什么是"天真的练习"？就是漫无目的地、机械地练习，很少看到练习中的问题，也就很少进行改进，因此，日积月累反而成了低水平的重复。

想超越低水平的重复，就要自己去复盘。

具体该如何复盘？分为以下四步：
1.回顾和记录；
2.分析总结你这一整天所发生的事情；
3.尽可能对自己多提几个问题并想解决方案；
4.将你的复盘结果分享给你身边与你同频的好友。

第一，复盘的第一步是回顾和记录。

回顾和记录你遇到的人或事,以及其对现在及未来可能有用的信息。

在记录上,最重要的是要做到当下记录,用一个文档简要描述当下发生的事情,并把记录当作一个索引,每天入睡前根据自己记录的事情,对你一整天所遇到的事情进行复盘。

为什么我建议你当下就记录事情呢?因为你千万不要高估自己的记忆力,随着时间的流逝,你遗忘的速度也会加快。当下记录是为了给事后复盘时提供索引,让我们在事后较快回忆起当时发生了什么,及时复盘。

我们要记录的维度大体可以分为学习、工作情况,人际交往,财富增长三大部分,每个部分的侧重点不一样。

下面,我将以我的团队成员一村的复盘日记来讲解这三大部分分别可以复盘什么内容。

针对学习、工作情况,记录你今天在学校或职场学习、工作过程中遇到的事情以及其带给你的思考。

你可以记录你今天遇到的开心的事情、困难的事情或是一个值得学习的地方,简要描述当时的场景,并记录下来。或者记录你在读书或工作中学到了什么知识,输出读书心得或工作笔记,也可以记录你今天在生活和工作中产生的感悟。

一村复盘日记——学习、工作情况

1.关于会议中系统地、有条理地记录会议纪要的能力。

今天，我们团队和客户开了一个会议，同事一边和客户沟通一边打开在线文档记录纪要，会议要求在会议结束的同时要出具一份会议重点报告。

我印象最深的点是会议纪要要求现场速记，并且出具的报告还要是成体系的。这项工作要求脑子要转得特别快，同时要有抓重点的能力。

2.《了不起的我》的读书笔记。

改变的本质是创造新经验。

针对人际交往，你可以记录你认识了谁，他是做什么的，怎么成功的，他做对了什么，你从他的身上能学到什么。也可以记录一些交流的精华和自己的感悟，将之应用到自己的生活中。抑或是记录你在和别人相处的过程中，有什么交往的方式和感受是舒服的或糟糕的。

这些都可以记录下来，甚至在谈恋爱过程中你学会了怎么和另一半相处都可以记录下来并思考。

一村复盘日记——人际交往

1.双向奔赴是最舒服的交往方式。

今天和朋友聊天，讲到了双向价值的概念。

交往和人脉，讲究双向价值，就像恋爱中，讲究双向奔赴。

2.一个姐姐分享的"思考—实践—复盘"的系统思考复盘方法：在做一些事的时候，不能将它们完全割裂开，做的事情之间都是有联系的。

有深度的内容来源于"思考—实践—复盘",这几环都打通才能形成深度内容。

只有思考,就只是方法论。

没有计划的实践,是盲目。

没有实践,复盘是空洞的。

听了这个姐姐的分享,很受用。

针对财富增长,你可以记录自己身上发生了什么事情,增长了多少财富。这部分不是让我们只记录财富增长的数字,而是记录你为现在做了哪些促进财富增长的事情,以及未来准备做什么来促进财富增长。

比如在增加收入方面,你通过现有的专业能力已经赚了多少钱?你为了成为某方面的专家做了哪些可以增值的事情?你研究了哪些可以赚钱的商业模式?

在降低支出方面,你可以记录当天具体支出了多少钱,什么支出是可以避免和减少的。在投资理财方面,你可以记录你投资所得的收益,以及学到了哪些投资理财的方式及技巧。在对抗风险方面,你可以记录在对抗风险中,花费了多少钱,如何有效规避下一次的风险。

一村复盘日记——财富增长

1.对两支已购的优秀基金开启定投,频率是每周定投,方式是开启了支付宝的智慧定投功能，高于市场值就少投，低于市场值就多投。

2.今天晚上在回家的路上，因为比较晚，觉得很累，想犒劳一下自己，出了地铁看到街边有个奶茶店，由于欲望驱使，便点了一杯奶茶。我明知道晚上喝奶茶对身体不好，但是还是想犒劳一下自己，我想生活已经这么累了，就不能有一点甜嘛。等回到家了，果不其然，没有喝完，还有小半杯，也不舍得扔，我想过夜也不能喝了，就边刷视频，边喝了一小会儿，在那儿报复性地浪费时间。

然后现在肚子还挺胀的，不是很舒服，感觉时间也浪费了，要到睡觉的点了。

第二，分析总结你这一整天所发生的事情。

你可以记录你做得好的地方，如何做得更好；做得不好的地方，如何改正；在其中我学到了什么，总结了什么方法论。比如一村同学记录了会议中同事有系统地速记会议纪要的能力，并在此基础上对同事的做法进行分析总结，提炼方法。

一村的复盘日记——分析总结

针对学习情况：

1.我在记录方面做得不好，如果要开始学习，应该掌握以下技巧：

边听内容边记录要点。把握主要框架，重点听，如这次会议是介绍情况，解答疑惑，那就可以分成：问题描述（核心痛点和需求）、方向建议、行动方案。

在此基础上，边听边往框架里记录，前面5—10分钟会比较难，后续就会顺手一些。这一点最重要的就是一定要边听边把内容有意识地放入对应框架中，然后加工整理成完整的语言表述。最后就是多练抓重点的能力，熟能生巧。

2.关于改变，改变的本质，其实就是创造新经验，用新经验代替旧经验。明确了这个定义，接下来在生活中，我会逐步创造新的经验去代替旧经验，从而让自己产生改变。

针对人际交往：

1.你只有通过某个方式去学习，达成成就，或者是通过现有能力提供价值，金钱价值也好，能力价值也好，和大佬的交流才会显得舒服得当，且一来一回，互相提供价值，否则只会给别人造成负担，交流不愉快。

2.只有思考，就只是方法论。没有计划的实践，是盲目的。没有实践，复盘是空洞的。

针对财富增长：

1.通过学习财商知识，提高了财商方面的认知：定投可以降低风险。

2.生活中要克制欲望，减少不必要的支出。同时可以在工作中再提高效率，别用力过猛，劳逸结合。

第三，尽可能向自己多提几个问题，并想解决方案。

知乎的slogan（标语）特别好，"有问题就会有答案"，有问题与有答案都很重要，通过对自己发问，一层一层剖析，给自己提供解决方案。

一村复盘日记——总结提出解决方案

针对学习情况：

问题：要向同事学习会议速记的方法，怎么做才能在会议中迅速搭建内容框架？如何在会议中把握重点内容？

关于改变，我该如何创造新的经验？

解决方案：在速记中，迅速搭建内容框架，很考验一个人抓重点的能力，根据提炼出的方法，再找一些可以提高抓重点能力的方法，如采用丰田五问法，连续问五个为什么。

学习沟通技巧，掌握沟通的节奏，提高在会议交流中抓重点记忆的能力，通过这种方式多去参加会议，并尝试去系统记录会议纪要，积累实践经验，同时及时复盘看看自己是否已经掌握这个能力。

关于改变，首先，强迫自己养成习惯，比如每天早上留出五分钟时间读书，从简单开始，然后再增加时间。其次，可以在每周二、四、六加入一个新的计划，其他时间正常安排。用每周二、四、六的时间创造新的经验。

针对人际交往：

问题：提升价值后，如何和大佬交流？在互相提供价值的基础上，怎么交流才会让对方更舒服？"思考—实践—复盘"模型可以应用到什么地方？

解决方案：想在社交中获得双向价值，逐步提升自己的价值很有必要。要提升自己的专业能力，与和自己价值水平相当或稍高的人交流。

"思考—实践—复盘"是一个闭环流程，接下来很多事情都可以套用这个步骤去做。比如建立知识体系。

针对财富增长：

问题：还有哪些投资理财方法是可以提高收入，规避风险的？该如何止盈获利呢？如何克制欲望？

解决方案：需要深入学习投资理财的知识，并输出投资理财笔记，汇集这些知识，形成系统的方法论，指导之后的投资。

可以利用"五三二"止盈法，在基金收益达到心理预期后，先一次性卖出50%，落袋为安；如果市场继续上涨，达到一个更高的止盈线，再卖出30%；剩下的20%可以继续观察，选择适当的时机卖出。

用目标去克制欲望，当达成某个目标后给自己奖励，来克制现有的欲望。

以上，就是一个较为完整的复盘框架，通过记录发生的事

（场景复现）、分析总结（提炼方法）、对自己多提几个问题、想解决方案，系统地进行复盘。

这个框架的底层思维参考了PDCA循环：**计划—执行—检查—处理**。

PDCA循环一种质量管理工具，通过四个环节，不断对成功的经验进行总结，积累失败的教训，为下一次计划和执行做好铺垫。

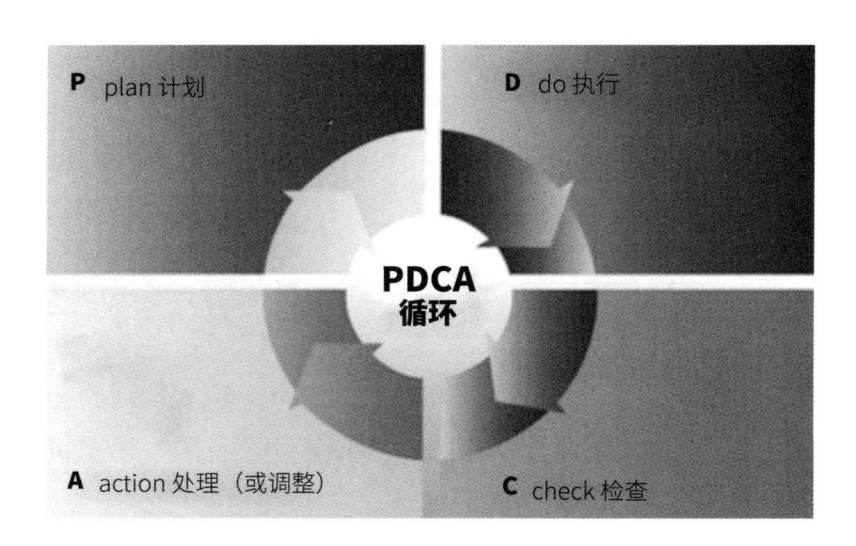

其中，在记录的基础上，复盘更注重后期的检查和调整过程。通过检查，也就是对我们发生的事情进行分析总结，发现问题后，及时对自己提出问题，然后想出解决方案，进行调整，反哺计划，最后再发现问题，总结调整，形成一个不断能产生正反馈的循环。

第四，将你的复盘结果分享给你身边与你同频的好友。

当你做完当天的复盘时，你可以将结果分享给与你同频的好友，这样你可以得到很多正反馈，也可以和他们产生更多更深度的交流。

同时你也可以把自己在复盘中学到的知识复述给他人。教是最好的学，情景再现是最好的巩固，这样不仅利他，可以获得好友的感激，也可以让你对掌握的知识有更深入的了解，对存在的问题有更加深刻的认识并及时改正。

按照上面的四步，开始行动起来吧，从过去获得力量，着眼于未来。从复盘中翻盘，告别"早知道"。

这里再给大家介绍一种我觉得很好的复盘方式——KPT复盘法。

KPT复盘法是一个重要的工具，有三个操作步骤，分别是Keep（保持）—Problem（问题）—Try（尝试）。但在复盘中，你要增加Record（记录）环节。

它的用法就是，在复盘的时候，问自己四个问题：

Record：做了哪些事？想法是什么？可以根据自己定的目标维度去写。

Keep：哪些行为是可以保持的？

Problem：在过程中遇到了哪些问题？

Try：我可以尝试去做些什么？

Record	Keep	Problem	Try
做哪些事？没做哪些事？想法是什么？	哪些行为是可以保持的？（是否与目标一致）	在过程中遇到了哪些问题？	我可以尝试去做些什么？（形成具体行动方案）
1. 2. 3. 4.	1. 2. 3. 4.	1. 2. 3. 4.	1. 2. 3. 4.

稻盛和夫提出的一个公式我非常认同：

人生・工作的结果=思维方式×热情×能力。

总是看到别人的问题而没有反省思维的人，思维方式是负分，而一个有反省思维的人，思维方式是正分。

如果思维方式是总是看到别人出错自己却不反省，人生・工作的结果便是"$-10\times10\times10=-1000$"。

思维不对，努力白费。

人最大的进步，来自对日常工作的复盘总结。没有复盘，人就会在一个错误的地方重复犯错，没有经验积累。

复盘是把经验变成能力的过程，只有不断复盘，你才能不断进步。

最后，我把任正非的一句话送给大家："只有不断地自我批判，才能使我们尽快成熟起来。"

21天 逆袭人生 / 第20天
复盘计划执行清单

复盘日记（按照文中给的复盘例子，用这个表格复盘自己的经历）				
类别	今天发生的事（场景复现）	分析总结（提炼方法）	多提几个问题	解决问题
学习情况				
人际交往				
财富增长				

DAY 第21天
职场效率飞升，10倍速成长

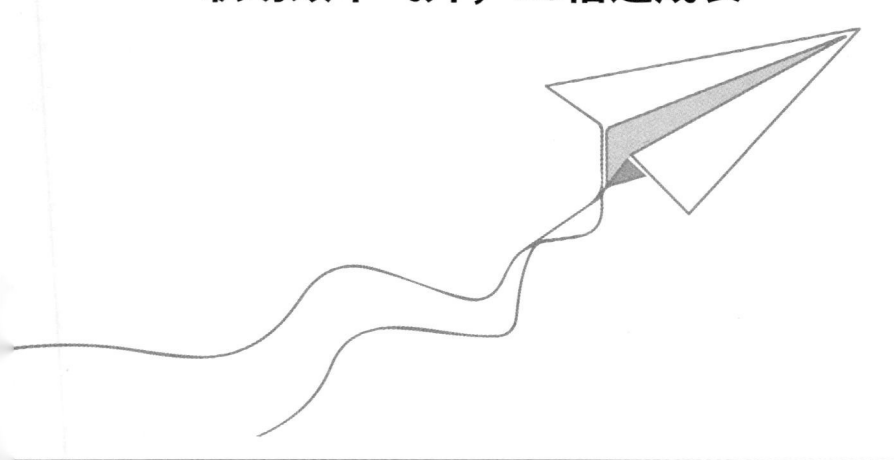

最近，我的同事遇到一个非常难搞的问题，在帮我发小红书的时候，他说自己一整天都在梳理要发在小红书上的文字稿。对此我感到非常诧异。

我想这不是用一个录音转文字软件就能解决的问题吗？

后来我发现他真的每天都在打字，把我的视频先听一遍，再用他自己的理解来做文字整理，一字一字地输出，不仅影响自己的身体，还消耗很长的时间。

这让我想起一句话：人类只有发明了工具，所以才成为人类。

假设没有发明创造，人类就不能成为现在的人类，甚至人类都无法从动物界脱颖而出。但正是因为有了发明创造，特别是在工具上的发明，人类才不断超越自己，取得今天的成就。

针对你现在遇到的困难、难题等，你首先要想的是是否可以通过工具解决。

在职场，工作效率就是你的核心竞争力。面对那些琐碎的重复劳动，你要用20%的时间快速解决，剩下80%的时间放在能快速提升价值的事情上。

遇到这些事，不要害怕或者不好意思。你可以大胆去去问，比如你做一个海报，有没有什么软件三步就能搞定；你做一个头像，用什么软件可能两步就搞定，而且还很美观。有高效的方法就要学会去使用，要不然你就会陷入低效的怪圈。

我之前有个实习生，为了梳理我准备了一两个小时的会议的文字稿，直到凌晨3点还在一边听一边打字。一个录音转文字的软件，10分钟就可以搞定。

古人言："**工欲善其事，必先利其器。**"互联网时代，几乎所有领域都有让你高效的产品存在。

我一直是个很"懒"的人，凡事追求轻松高效。在职场想要高效，一定要学会做一个"懒人"。

这是21天逆袭人生的第21天，我们如何提升工作效率？

六大效率工具

这里推荐六个效率工具，都是我日常使用的，可以帮助你们快速成为效率达人。

第一个叫向日葵。

适用于学生党、上班族。平时出门了，如果领导有什么事找你，你不必再去拿电脑，只需用你的手机就能远程控制电脑，收发文件都是可以的。

第二个是Xmind。

我非常推荐大家在工作生活中运用思维导图，它可以帮助我们锻炼系统思考的能力。很多时候我们的思绪是非常乱的，这时候需要一个工具来帮我们整理清楚。Xmind就是通过思维导图来帮我们整理思绪的一个工具。

比如说今天我要开会，开会的时候我不知道要讲什么内容，于是我快速写一个Xmind，主题是如何做好小红书，然后将其分成三个分支，第一个做什么选题，第二个怎么写这个脚本，第三个怎么拍摄……脚本又分为封面、标题、内容……

我会非常直接地用逻辑思维拆解，我可能本来没有灵感，但是一写出来我的想法就会迸发出来，最后我会得到一个意想不到的内容框架，再针对每一部分填充一些"血肉"，丰富一下，听众也会很容易理解。

第三个是讯飞语记。

因为平时工作开会特别多，需要对各种会议的核心内容进行总结提炼，所以每次我都会让我的同事用讯飞语记进行梳理，它语音转文字的准确率特别高，很多内容形成文稿后直接可以整理成文章发布。一次会议多次利用，这也是我经常说的，一份时间卖多次。

我经常跟我的同事说，你想在职场生存，好记性不如烂笔头，烂笔头不如讯飞语记。

第四个叫创客贴。

之前我有个设计师同事，业务水平是很高的，但我发现她经常加班，设计的图确实比较好，但出图效率也确实有点慢。找她聊过之后，我发现她有个问题，什么类型的图都要自己设计，追求完美。

我后来跟她说，你要把你的设计工作分类，最重要的那20%的设计图，你要自己设计；但那80%的简单海报，你可以直接找模板，用创客贴这种设计软件快速加字成稿就行了，并不会特别影响美观。

还是那句话，工作要有重点，工作效率就是竞争力啊。

后来我让同事都去下载做图软件，简单的图自己选一个模版，加加字10分钟就可以完成，也不用特别麻烦设计同事，整个团队的效率都上来了。

大家可以打开创客贴，使用一键生成海报功能，或者生成封面标题功能，各种各样的素材里面都有。

对于工作，记住一句话：**聪明人和非聪明人之间的差别是会不会使用工具。**

第五个是飞书。

飞书真的是我用过的最好用的办公软件，它不光能支持即时沟通、音视频会议，还能支持语音转文字。此外，它还有一个很重要的功能是协作文档，团队的人共同使用一个文档，彼此之间可以看到对方修改的地方。比如项目管理，大家可以一目了然地看到进度，每个责任人需要负责的部分。省时省力，不愧是高效办公工具。

第六个是iSlide。

你和PPT大神的距离的可能只是一个软件，即使你是小白，也能做出非常高大上的PPT。它里面有很多好看又好用的模板，你可以根据自己的行业及岗位来选择主题，还能一键生成PPT。简单来说，你只要输入内容，它就能给你生成PPT，随后你可以自己在此基础上再优化修改，很方便。

三大效率意识

学会使用工具，是提升工作效率的第一步，更关键的是，你要具备效率意识。工作效率是一条"长链"，包括沟通汇报、高效执行、情绪稳定。

下面是给所有希望职场"开挂"的你，总结的几个非常重要的原则，只要你能做到，就一定可以像我一样职场"开挂"，比同龄人走得更远。

第一，懂得沟通汇报，做沟通能力强的职场人。

职场经验千万条，靠谱第一条，一定要及时准确、阶段性地沟通汇报。

你要知道，领导工作是很忙的，谁能让领导有掌控感，谁就一定会脱颖而出。职场最忌讳领导给你一个任务，3天完成，结果你在截止日最后一天给领导了。做得好也就算了，但要是你没领会清楚领导的意图，做错了，这可就是个大麻烦。**这是最傻也最容易犯大错的工作方法。**

正确的做法应该是：**阶段性汇报+正确汇报，时刻让领导知道你在做什么，做得怎么样。**

这里有几个汇报关键点：任务接收时，要将你理解的意思反馈给领导；任务实施时，要汇报你的计划，实施期间有任何问题或者意外都要及时汇报。最好按照时间周期，每一天都汇报进度，标上重点，避免有任何偏差。

管理大师德鲁克说：**世界上最没有效率的事情，就是以最好的效率做一件不正确的事情。**

正确汇报一方面可以让你避免走错路，另一方面可以让领导时刻知道你的高效。

第二，懂得正确做事，做执行力强的职场人。

执行力就是工作效率大杀器。

首先你要知道，在老板心中，什么是真的执行力强？ "得到脱不花"有个观点：**主动挖掘+反诉行动。**

什么叫主动挖掘？比如，领导说让你去规划一下公司小红书账号的运营,这时你应该马上主动挖掘一下。"好的,领导我还有几个问题需要了解一下。咱们的小红书定位是什么?主要作用是公司宣传还是产品销售?阶段性目标是什么?需要投入人力大概是?"先简单挖掘一些方向性的问题。了解完了,你可以说:"我先根据您说的做个初步方案,下午5点跟您对一下,您看怎么样?"

反诉行动,就是将老板的回答翻译成你接下来要付诸的行动,再讲给他听一次,要调整的地方及时调整。通过阶段性汇报,把这个项目顺利推进。

很多人说,领导就一句话,我怎么执行?**其实真正的执行力强就体现在这里,领导只给了你一个简单的目标,你却给出了完整的方案。**

拿我来说,当我把某件事情交给下属时,我希望下属可以给出解决方案,就是他觉得做好这件事情可能需要什么条件。在这些条件中,哪些是他能做的,哪些是需要我来协助的。就拍小红书视频而言,你应该告诉我做小红书有这么几点要注意:第一点是选题和内容,第二点是拍摄,第三点是发布,第四点是复盘,第五点是迭代。你应该把整体的东西全列给我,让我觉得我把这件事交给你我可以放心。

这种能力也叫怎么"从0到1"解决一件事情,所以你一旦成为这样的人,你就能很快地升职加薪。这是做成任何事情的底层逻辑,掌握这一条,你就可以做成任何事情。

第三，懂得稳定情绪，做容易相处的职场人。

如果你思考问题总是很情绪化，那你的效率也必然很低。

孟羽童为什么能获得董明珠的赏识，成为最年轻的95后接班人？看过《初入职场的我们》，大家就会知道，她是个基本不会有负面情绪的人，很容易和人打成一片。

懂得稳定情绪，维持良好的人际关系，是成为职场精英最基本的技能。稳定的情绪不但会让你的日常工作顺利进行，而且会让你更容易被领导看到，更容易让领导相信你是个值得信任的人，因为你不知道什么时候领导就会从别人口中听到夸你的话。

要特别注意的是，有一个职场大忌，就是你因为人际关系和某人发生冲突后，突然让领导给你评理。事实上，即使他当面维护了你或者安慰了你，在心里也已经把你从"可培养"的这一栏中彻底移出去了。

所以，在职场中不要情绪化地做事，秉持就事论事的态度，会让你的职场人际关系更好。即使和别人产生了冲突，也要尽量自己解决好。

沃伦·巴菲特经常说的一句话是："在我看来，能做好事情的人并不是'马力最大的'，而是效率最高的。"

愿你们都能成为效率最高的人。

21天逆袭人生 / 第21天
职场效率提升执行清单

职场效率提升 （7个习惯）	具体内容
定时整理桌面	可以用以下3个思路： 办公所需物品放桌上； 使用频率高的物品放手边； 使用频率低的物品放远处。
2分钟原则	凡是2分钟内就可以完成的事，立刻去做，不要犹豫。 文件命名1分钟就行，不要等到堆积如山再花大量时间整理。 物归原处分分钟，下次再找好轻松。 吃完饭立刻洗碗，分分钟的事。
随时记录	一旦有新安排就马上记录。重要的事情要尽快记录。记事本常放手边，方便随时确认日程安排。
学会做计划	凡事预则立，学会做年度大事件计划，月度计划，周计划。最好每天早上做个晨间计划，1分钟搞定高效率的一整天。

续表

职场效率提升 （7个习惯）	具体内容
利用碎片时间	学会用碎片时间做前置工作。
三行短日记总结	"三行日记"，仅用来整理思维，记录工作一天后自己的想法。我们是通过写日记的形式来调整自己的心态，宣泄自己的情绪，从而让心情放松。只有调整好心态，工作才会更顺畅。 第一行可以写今天的经历和自己的所作所为，最好包含印象最深的一件事、工作中的失误或自己采取的行动。 第二行可以根据第一行记载的时间，写出自己关注到的问题和感受。内容可以很主观，只要写出真情实感即可。 第三行可以记录自己对当天采取的行动及得到的结果、感想和教训。
学会放松	不能一味埋头工作，人的体能是有限的，大脑也是需要休息的，超负荷地工作只会降低工作效率。不会休息就不会工作，适当地放松一下，工作间站起来活动15分钟，喝杯水，听听音乐都可以让身心放松下来。